心灵水疗

不让内心染灰尘

姜 越◎主编

中国财富出版社

图书在版编目（CIP）数据

心灵水疗：不让内心染灰尘 / 姜越主编. —北京：中国财富出版社，2016.6

（心灵医生系列）

ISBN 978-7-5047-5982-5

Ⅰ.①心… Ⅱ.①姜… Ⅲ.①心理状态-自我控制-通俗读物 Ⅳ.①B842.6-49

中国版本图书馆 CIP 数据核字（2015）第291552号

策划编辑	宋　宇	责任编辑	王　波　赵笑梅		
责任印制	方朋远	责任校对	饶莉莉	责任发行	敬　东

出版发行	中国财富出版社		
社　址	北京市丰台区南四环西路188号5区20楼	邮政编码	100070
电　话	010-52227568（发行部）		010-52227588转307（总编室）
	010-68589540（读者服务部）		010-52227588转305（质检部）
网　址	http：// www. cfpress. com . cn		
经　销	新华书店		
印　刷	北京晨旭印刷厂		
书　号	ISBN 978-7-5047-5982-5 / B・0475		
开　本	640mm × 960mm　1/16	版　次	2016 年 6 月第 1 版
印　张	16.75	印　次	2016 年 6 月第 1 次印刷
字　数	210千字	定　价	38.00元

前　言

当今社会，生活和工作节奏空前加快，没有谁的心灵永远一尘不染，每个人都有或多或少的心理困扰，诸如抑郁、焦虑、嫉妒、自私、自卑、猜疑、易怒等问题，把我们折磨得痛苦不堪。而这些问题的症结，都与心理异常和人格障碍有关。如果不及早发现和调治这些问题，不仅会损害自己的心理健康，还会影响个人正常的健康发展，最终给家庭、社会造成不良影响。

因此，我们说心灵的探讨必将成为一门十分重要的学问，因为人类最大的敌人不是灾荒、饥饿、贫苦和战争，而是我们自己的心灵。无论男女，其一生都逃脱不了心灵问题的困扰。

日常生活中，也许并不是每一个人都有条件拥有自己的心理医生，即便是心理医生，他也不见得完全了解你的全部，而我们自己才是最了解自己的人。那为何不尝试着做自己的心理医生呢?

这本书是为我们这个纷扰的时代而写的，阅读本书的每位读者都有潜能成为自己的心灵医生。针对当下的种种问题，本书提供了一种全新的解决方式，它无须高深的哲理，你只需要重新审视日常生活，就能找回久违的快乐与满足。

本书以心灵水疗理论为支撑，结合大量的心理测试，剖析了各种心理问题形成的原因，指出了它们的不同表现，并提出了操作性比较强的治疗措施，给自己的心灵做个SPA（水疗）。对于这本书，需要进行一场缓慢的阅读，这个过程就像一股清泉浇灌心田，水过之处，心已经漫洇湿润。愿本书能够及时消除你心中的不良情绪，避免心灵垃圾的堆积，同时积极制造正面的情绪，那么我们就能让心灵充满健康向上的因子，身心保持平衡和谐的状态。

本书在编写过程中，参考了相关心理学方面的书籍，并接受了多位心理学专家的指导，在此我们向这些作者及专家表示真诚的敬意和感谢。尽管在编写中我们付出了很大的努力，但由于水平所限，书中难免存在一些疏漏、不妥及错误之处，敬请专家及同行不吝指正。

目录

第一篇 心灵洗浴：给焦虑的心灵洗个澡

第一章　焦虑时代的心灵，需要做个SPA

焦虑是一种复杂的心理，是由紧张、焦急、忧虑、担心和恐惧等感受交织而成的一种复杂的情绪反应。轻度的焦虑情绪可以不必在意，但如果是病理性的，则可能给生活和工作带来严重影响，需要提高警惕。

第二章　心灵药浴：调节焦虑的不二秘诀

现代人的压力普遍过大，导致生活充满了焦虑，焦虑甚至已经成为我们摆脱不掉的一个“习惯”。然而，过度的焦虑会消耗精力、损害健康、扭曲我们的心灵。尤其是当我们把自己有限的精力都放在某些不必要的焦虑上，我们便容易陷入不必要的紧张和烦恼中。这样，就算幸福的“天使”从我们身旁经过，我们也无暇抓住幸福的影子，只能眼睁睁看着幸福渐行渐远。学会为焦虑的心灵泡个药浴，无疑是排解焦虑的最佳选择。

第三章　凉水浴：让浮躁的心灵降降温

每个人都要学会驱走内心的喧嚣，让自己的心静下来，保持一颗宁静的心，这样才能让生活变得轻松、悠然。我们生活在这个喧嚣的社会中，内心世界会受到很多东西的影响而变得浮躁，但是无论遇到什么事情，都要让自己静下来，要让心灵像沉静的湖水，波澜不惊，隔绝喧嚣，拒绝浮躁。唯有如此，我们的人生才能更轻松，我们的生活才会更悠然。

第二篇
心灵桑拿：给纠结的心境蒸个桑拿

第四章 给纠结的心灵配个“桑拿房”

生容易，活容易，可是生活不容易。当我们开始自立门户，开始每天盘算着自己柴米油盐那点事儿，开始为车险、房贷、孩子教育经费而盘算，为了心中那最后一点小小的奢望而节衣缩食，却发现生活本身的幸福在不知不觉中消退，那脑海中的美好渐渐地夹杂了那么多苦涩的味道。当年想要的一切都有了纠结，于是我们开始扪心自问：到底想要什么样的生活？而这样的生活能够给予我们什么？是幸福，是骄傲，还是一个又一个永无休止的贪婪？

第五章　职场人的心灵桑拿

这个世界越来越复杂，要想在它的规则里生存下去，摆脱种种生活的困境，很多人首先会想到要在职场上给自己谋一条出路。或许很多人在迈入这个门槛时就已经有了书到用时方恨少、钱到月底不够花的纠结，或许在不知不觉中开始自己一年之间连环跳的征程，还有可能因为不了解办公室规则而深陷绝望。这时候我们开始对自己产生了怀疑，自己怎么了？工作怎么了？而你真正想要的是什么？职业究竟是实现理想的必经之路，还是一种维系自己温饱的生存手段？在这个很纠结的现状中，学会给心灵蒸个桑拿，让纠结的心灵得到安宁。

第六章 蒸心泡浴：享受不纠结的心灵

人生是不能太过纠结的。痛苦、失望、遗憾、焦虑、内疚……放任这些负面情绪存在于生活中，只会使我们原本精彩的人生变得黯然失色，只会使我们越来越难以体会到宽容、真诚和美好，只会让我们陷于烦恼和痛苦的沼泽中，最终让我们一事无成。其实，我们无须计较太多，更不应有过多的烦恼，“做最好的自己”才是我们最应该关注的。

第三篇 心灵美容：心灵SPA让你焕然一“心”

第七章 补水保湿，为心灵注入愉悦

市声喧哗，物欲横流，在这个浮躁的社会中，我们的心灵更加枯燥。所以，一定不要忘了给心灵找一个汲取营养的地方，因为心灵更需要养分。给你的心灵滋润营养，从此不再让心灵、情感空虚而又寂寞。

第八章 接受心灵残缺，你才能更美

人生在世，总不免企图追求完美。每个人都希望自己的形象能变得更完美，希望自己的生活能达到完美状态，希望自己所做的事情能尽善尽美……因此，我们处处不遗余力、小心谨慎，力求避免一切不必要的失误。可如此做的结果只是让我们平添了诸多压力与焦虑。

第九章　不可不学的心灵素颜秘方

生活在这个步履维艰且充满压力的社会中，我们那些曾经所谓的志向与抱负都会随着时间的慢慢推移而被磨损殆尽，直到我们彻底沦为生活的奴隶，想到更多的不再是自己的宏图大志而是眼前窘迫的生计。其实只要我们勇于寻回心中最初最真的梦想，正确地把握人生的方向，就一定能到达我们心中的那座天堂，实现我们最美好的憧憬。

第一篇

心灵洗浴：给焦虑的心灵洗个澡

第一章

焦虑时代的心灵，需要做个SPA

焦虑是一种复杂的心理，是由紧张、焦急、忧虑、担心和恐惧等感受交织而成的一种复杂的情绪反应。轻度的焦虑情绪可以不必在意，但如果是病理性的，则可能给生活和工作带来严重影响，需要提高警惕。

你有焦虑的情绪吗

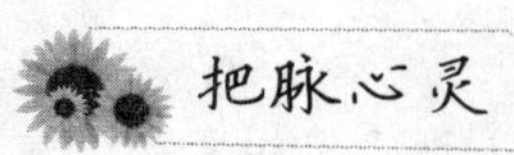

把脉心灵

你有焦虑症吗？请根据第一反应，回答如下问题。

1. 你对自己目前生活的感受是：

A. 衣食无忧，感到满足

B. 什么都没有

C. 我觉得活着根本没有意义

2. 你觉得目前自己工作的现状是：

A. 我对工作表现满意

B. 目前有太多不尽如人意的地方

C. 不知道如何评价

3. 你觉得工作意义在于：

A. 通过努力地工作实现个人价值

B. 只是为了养家糊口不得不工作

C. 工作对我来说没有什么特别的意义

4. 对于生活中的压力，你的看法是：

A. 压力才是动力

B. 让我感到有些无奈

C. 生活的压力已经让我要发疯了

5. 对于生活里不顺心的事，你通常会：

A. 不太放在心上

B. 时不时会想起

C. 那些痛苦的感受像噩梦一样缠绕着我，久久不能释怀

6. 你觉得周围的人对你的态度是：

A. 有喜欢我的人，就一定有不喜欢我的人

B. 不友善的人居多

C. 周围的人除了看不起我的就是仇视我的

7. 你觉得他人对你的评价是否重要：

A. 不怎么重要

B. 重要

C. 如果没有他人的评价，我不知道自己是怎样的人

8. 你独处时会有什么样的感受：

A. 感到很安静

B. 坐立难安

C. 心跳加快，呼吸困难

9. 你平时是否会有莫名的心跳加速的现象：

A. 从来没有

B. 偶尔有

C. 经常有

10. 你每晚的睡眠质量是：

A. 躺下就能睡

B. 很久才能睡着

C. 经常失眠

心灵分析：

选C超过半数的人，说明你已经出现较为严重的焦虑心理，需要在日常生活中加以调节，对生活、工作和人际关系等诸多方面需要有新的认识，以解除焦虑。选B超过半数的人，虽然焦虑的情况并不严重，但仍需要提醒自己注意，避免情况进一步恶化。而选A超过半数的人说明目前心理状况相对正常，比较适应目前的生活节奏。

心灵指导

焦虑是种极普遍的情绪感受，是每个人一生都会有的体验。所以说，焦虑不一定就是不正常的反应，其实适当的焦虑无须担心，适度的焦虑可以提高人的警觉水平，激活心理与生理功能，使人全身心地投入工作或战斗状态，取得佳绩。例如，原始人的吼叫、战前的动员报告、赛前的热身运动、考前的集体宣誓等，都可激起适度焦虑，起到唤醒功能的作用。因此，我们可以了解到不是所有的焦虑表现都是病态的，也不是所有会焦虑的人（世上恐怕找不到一个丝毫不会焦虑的人）都是有焦虑疾患的。焦虑是一种内心紧张不安，预感将要发生某种不利情况，而又难以应付的不愉快的情绪体验。正常的焦虑情绪是人类的一种保护性行为，但过度、长久、莫名的焦虑和担心却会导致焦虑症。焦虑障碍是一类常见的精神疾病，它包括：广泛性焦虑障碍、惊恐发作、恐惧症、强迫症、应激相关障碍。其病因可能与多种因素有关，如遗传、免疫反应、应急能力、人格特征等。

普通人群中焦虑障碍患病率很高，美国报道焦虑症的终生患病率约为28.8%，其中惊恐障碍终生患病率约为4.7%，广泛性焦虑约为5.7%，场所恐惧症约为6.7%，社交恐惧症约为13.3%，特殊恐惧症约为11.3%，强迫性障碍约为2.5%。焦虑症临床表现包括躯体症状、情感症状、行为表现，但焦虑患者通常首先去综合性医院的非专科门诊就诊，往往以躯体症状为主诉，而躯体症状的多种多样与严重程度，有时会掩盖焦虑障碍的其他症状，从而导致反复检查和误诊、误治。

我们先了解一下焦虑症的定义。焦虑是一种不愉快的、痛苦的情绪状态，同时伴有躯体方面的不舒服体验。焦虑症是一组以焦虑症状为主要临床表现的情绪障碍，常见如下主要症状。

（1）情绪症状：表现为经常对未来可能发生的、难以预料的某种危险或不幸事件的担心。害怕性期待、易激惹、对噪声敏感、坐立不安、注意力下降、担心。如果患者不能明确意识到他担心的对象或内容，而只是一种提心吊胆、惶恐不安的强烈内心体验，称为自由浮动性焦虑。但经常担心的也可能是某一两件非现实的威胁，或生活中可能发生于他自身或亲友的不幸事件。例如，担心子女出门发生车祸等。这类焦虑和烦恼其程度与现实很不相称者，称为担心的等待，是广泛焦虑的核心症状。这类患者常有恐慌的预感，终日心烦意乱，坐卧不宁，忧心忡忡，好像不幸即将降临在自己或亲人的头上。注意力难以集中，对日常生活中的事物失去兴趣，以致学习和工作受到严重影响。

这类焦虑和烦恼有别于所谓“预期焦虑”，如惊恐障碍患者对惊恐再次发作的担心，社交恐惧症患者对当众发言感到的困扰，反复洗手的强迫症患者对受到污染的恐惧，以及神经性厌食患者对体重剧增感到苦恼等。

警觉性增高，表现为惶恐，易受惊吓，对外界刺激易出现惊跳反应，注意力难以集中，有时感到脑子一片空白，难以入睡和易惊醒，易激怒等。

需要解释的是，患者因注意力不集中而抱怨记忆力下降，但在焦虑障碍中并不存在真正的记忆力损害。如果发现其存在，那么就必须进行仔细的检查以排除发生器质性病变的可能。焦虑障碍的特征性表现是反复担心，其内容包括对疾病的关注、他人安全的牵挂以及社交焦虑。

（2）躯体症状

消化系统：口干、吞咽困难，有梗死感、食管内异物感、过度排气、肠蠕动增多或减少、胃部不适、恶心、腹痛、腹泻。

呼吸系统：胸部压迫感、吸气困难、气促和窒息感、过度呼吸。

心血管系统：心悸、心前区不适、心律失常。

泌尿生殖系统：尿频、尿急、勃起障碍、痛经、闭经。

神经系统：震颤、刺痛、耳鸣、眩晕、头痛、肌肉疼痛。

睡眠障碍：失眠、夜惊。

其他症状：抑郁、强迫思维、人格分裂。

自主神经功能兴奋：多汗、面部发红或苍白等症状。

焦虑障碍的躯体症状来源于交感神经系统的过度活动和骨骼肌的紧张性增加。其具体症状较丰富，可根据各系统分门别类。如在呼吸系统方面，焦虑会引起吸气困难和一系列躯体症状；在神经系统的症状中，眩晕呈一种不稳感而非天旋地转。另外，有些患者反映有视力模糊，但体格检查发现视力正常。头痛常呈胀痛或紧缩感，多为双侧性，枕叶和额叶多见。疼痛也较常见，多在肩背部。

值得注意的是，患者常以躯体症状而非焦虑为主诉，而这些躯体症状同样也可由躯体疾病引起。因此，以上情况在鉴别诊断中必须充分考虑。

（3）运动症状：表现为搓手顿足，来回走动，紧张不安，不能静坐，可见眼睑、面肌或手指震颤，或患者自感战栗。有的患者双眉紧锁，面肌和肢体肌肉紧张、疼痛，或感到肌肉抽动，经常感到疲乏无力等。

有些焦虑症反应会因人而异，在一般正常的焦虑反应与焦虑症患者不同的是：焦虑症患者通常会过度反映事实，而采取比较强烈的方法来避开引起焦虑的源头。一般来说，病态焦虑的特点如下：①焦虑表现程度（强度、长度）超过情境刺激的程度许多。②焦虑的程度达到明显影响个人的生活、社交、工作、人际等功能。

远离惊恐症的困扰

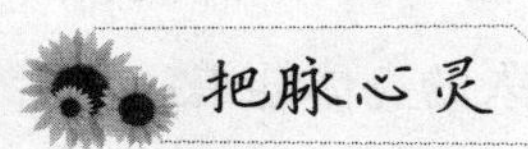

根据你的实际情况回答以下问题，如果大多数回答“是”说明你有惊恐症。

1. 在过去的四周内，你是否有过焦虑发作（突然感到恐慌）？

2. 如果你回答“否”，请跳到问题5。

3. 这种情况以前发生过吗？

4. 有些发作常常无明显诱因吗？即在不应该感到紧张或不安时发作。

5. 这些发作给你带来很多烦恼或者你担心再次发作吗？

6. 你会经常回想既往发作的情形吗？

7. 发作时你有呼吸急促吗？

8. 发作时你感到心跳加快吗？

9. 发作时是否觉得胸部疼痛或胸闷？

10. 发作时是否汗多？

11. 发作时有窒息感吗？

12. 发作时有恶心、腹部不适吗？

13. 发作时有头晕、站立不稳或要晕倒的感觉吗？

14. 发作时有无身体麻木或刺痛？

15. 发作时有濒死感吗？

心灵指导

恐惧能摧残一个人的意志和生命。它能影响人的胃、降低人的修养、削弱人的生理与精神的活力，进而破坏人的身体健康；它能打破人的希望、消退人的意志，使人的心力“衰弱”以致不能创造或从事任何事业。

恐惧有时候就像是一道门，实际上你没有必要害怕，那扇门是虚掩着的。一旦你勇于面对恐惧，就会立刻醒悟：自己拥有的能力竟然远远超过原来的想象。

约翰是一个非常平凡的上班族，却在40岁那年做出了一个令人惊讶的举动，放弃他薪水优厚的办公室工作，并把身上仅有的3美元捐给了街角的乞丐，只带了换洗的衣裤，他决定从自己的老家——阳光灿烂的加州出发，靠搭便车与陌生人的好心，到达东岸一处叫作“恐怖角”的地方。

他之所以做出这样仓促的决定，完全是因为自己的精神即将崩溃。虽然他有一份好工作、一个温柔美丽的妻子和许多善良可敬的亲友，但他发现自己这辈子从来没有下过什么赌注，平顺的人生从没有过高峰或低谷。

他觉得自己的前半生在懦弱中虚度了。

他选择“恐怖角”作为最终目的地，借以表明他征服生命中所有恐惧的决心。

为了检讨自己的懦弱，他很诚实地为自己的“恐惧”开出一张清单：从小时候开始算起，他就怕保姆、怕邮差、怕鸟、怕猫、怕蛇、怕蝙蝠、怕黑暗、怕大海、怕飞、怕城市、怕荒野、怕热闹又怕孤独、怕失败又怕成功、怕精神崩溃……他无所不怕，唯一“英勇”的一次是他当众向妻子表白、求婚。

这个懦弱的40岁男人上路前竟还接到母亲的纸条：“你一定会在路上被人杀掉。”但他成功了，4000多里路，78顿餐，仰赖82个陌生人的好心。

身无分文的他从没接受过别人在金钱上的帮助，在暴风骤雨中睡在潮湿的睡袋里，风餐露宿只是小事。他还曾经碰到精神病患者的骚扰，遇到几个怪异诡秘的家庭，甚至还会时不时地觉得有人像杀人狂魔和银行抢劫犯。经历这无数的“恐惧”之后，他终于来到“恐怖角”，接到妻子寄给他的提款卡（他看见那个包裹时恨不得跳上柜台拥抱邮局职员）。他不是为了证明金钱无用，只是用这种正常人会觉得“无聊”的艰辛旅程来使自己战胜所有恐惧。

“恐怖角”到了，但令人意外的是，这“恐怖角”并不恐怖，原来“恐怖角”这个名称，是由一位探险家取的，本来叫“Cape Faire（仙女角）”，被讹写为“Cape Fear（恐怖角）”，只是一个失误。

约翰终于明白：“这名字的不当，就像我自己的恐惧一样。我现在明白自己一直害怕做错事，我最大的耻辱不是恐惧死亡，而是恐惧生命。”

地位、声望、财富、鲜花……这些美好的东西都是给有勇气的人准备的。一个被恐惧控制的人是无法成功的，因为他不敢尝试新事物，不敢争取自己渴望的东西，自然也就与成功无缘。胆怯、逃避是毫无用处的，只有直面恐惧，才能战胜它。

恐惧心理有很多类型：担心事情发生变化，害怕遭遇未知的难题，因放弃稳定的收入而感到不安。每个人都有自己惧怕的事情或情景，而且不少事物或情景是人们普遍惧怕的，如怕雷电、怕火灾、怕地震、怕生病、怕高考、怕失恋等。但是，有的人的恐惧异于正常人，如一般人不怕的事物或情景，他也怕；一般人稍微害怕的，他特别怕。这种无缘无故的与事物或情景极不相称、极不合理的异常心理状态，就是恐惧心理。它是一种不健康的心理，严重的就是恐惧症。

恐惧心理就像干扰电波一样，让我们的情绪一直处于不正常值，生活和工作都会因它而有损害，所以我们一定要尽快克服恐惧心理。以下是几种战胜恐惧的方法。

1. 学习科学知识

一位心理学家说得好："愚昧是产生恐惧的源泉，知识是医治恐惧的良药。"的确，人们对异常现象的惧怕，大多是由于对恐惧对象缺乏了解和认识引起的。

2. 勇于实践

经常主动接触自己所惧怕的对象，在实践中去了解它、认识它、适应它、习惯它，就会逐渐消除对它的恐惧。例如，有的人惧怕登高、惧怕游泳、惧怕猫、惧怕毛毛虫等。害怕异性，可以勇敢地去和异性交流，只要经常多实践、多观察、多锻炼、多接触，就会增长胆识，消除不正常的恐惧感。

3. 转移注意力

把注意力从恐惧对象转移到其他事物上，以减轻或消除内心的恐惧。例如，要克服在众人面前讲话的恐惧心理，除了多实践多锻炼外，每次讲话时把自己的注意力从听众的目光、表情转移到讲话的内容上，再配合"怕什么"等积极的心理作用，心情就会平静，说话就比较轻松自如了。

直面恐惧，让自己成为一个冒险家，人生便不再黑暗，敢于争取、敢于斗争的人才会给自己争取到成功境界里的一席之地。如果你无法战胜自己的恐惧心理，成功也就永远与你无缘。所以，不要害怕，只有去勇敢面对荆棘、坎坷，你才会活得有声有色。

谨防焦虑影响身体健康

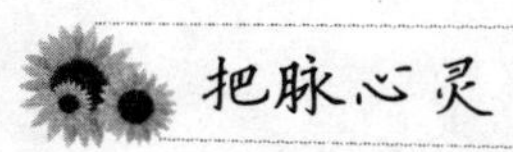

把脉心灵

每个人都有紧张或焦虑的时候，但有些人焦虑到影响生活，比如身体出现下面一些症状，就需要看心理医生了。

1. 手脚发抖打战
2. 一紧张就容易拉肚子
3. 经常做噩梦
4. 经常会脸红发热
5. 很容易神经衰弱和疲乏

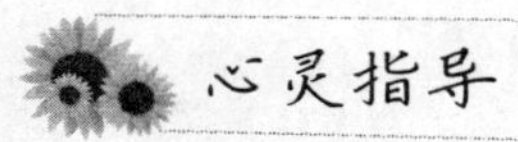

心灵指导

人的情绪可分为两种：一种是有利于身心健康的情绪，比如愉悦、快乐、恬静等；另一种是有害于身心健康的情绪，比如焦虑、悲伤、忧郁、恐惧、绝望等。在医学上，后者被称之为负性情绪。俗话说：“情急百病生，情舒百病除。”因此，如果负性情绪超出人体生理活动的调节范围，就有可能引发疾病。

下面介绍一个真实的故事：

有一位女士，当她还是小孩子的时候，父母不和，经常被打。

家庭的不和睦也就算了，小姑娘在小伙伴中也得不到认同，同学们对她都区别对待，背后说她是别人的“崽子”，不和她接近。小姑娘因此变得更加沉默寡言，不敢与人交往。这时候，有个小伙伴闯进了她的生活。他比小姑娘大两岁，喜欢打抱不平，看到小姑娘总是受欺负，看不过去就挺身而出，两人后来就成了无话不谈的好伙伴。

可是好景不长，暑假里，一次他们去公园里的池塘边玩耍，小姑娘一不小心把一只鞋掉进了池塘里。那个时候，物资匮乏，一双鞋哥哥穿完弟弟穿，一件衣服姐姐穿小了留给妹妹穿。每一件东西都宝贵得很，眼看鞋掉进河里，小姑娘急得快哭出来了。

小伙伴看了也着急，鼓起勇气，找根树枝想把鞋勾回来。哪知越划拉，鞋飘得越远，小伙伴就再往前伸一下，不知不觉，身体伸出好远，等意识到的时候，已经晚了。只听“扑通”一声，小伙伴就掉下了水。只见水花四溅，小伙伴挣扎着，挣扎着……眼看着这个孩子就下沉了，慢慢地就看不见了影子。

小姑娘吓坏了，毕竟只是八九岁的孩子，也不知道该喊“救命”，还是赶紧到附近找人过来搭救。她突然想到学校的体育老师会游泳，便撒腿往学校跑。等找到体育老师，赶回池塘边，下水把小伙伴捞上来，结果可想而知，人已经不行了。就这样，一个最好的朋友在这个夏天永远地离她而去了。

小姑娘永远也忘不了小伙伴被打捞上来的那一幕，她不敢回家，躲在邻居家里。当小伙伴的母亲来到家里找小姑娘，希望搞清楚事情真相时，舅舅到处找不到她，最后从邻居家像拎小鸡一样，把她提回来，不由分说，摔在地上就是一顿打。只打得她天昏地暗，最后小伙伴的妈妈实在看不下去了，赶忙上前劝说，说再打下去小姑娘真的要没命了，舅舅这才收手。

小姑娘害怕极了，赶忙跑到女厕所里躲起来。渐渐地，以后她一遇到什么事情，就紧张，一紧张，就想上卫生间，跑进去就拉肚子。

后来小姑娘长成了大姑娘。

再后来，她自己也靠着努力学习，考上了大学。虽说生活恢复了平静，可是小姑娘的“毛病”却没有改变。一遇到考试、找工作等事情，就会腹泻，马上得去卫生间，似乎比原来表现得更严重了，有时还感觉头痛、头晕。她没有觉得这是一种病，也没有人告诉她这是一种病。她自己实在难忍的时候，去看过消化科的医生，吃点止泻药，整体上看，是治标难治本。就这样，她将这种痛隐藏起来，或者说，她被迫将这种痛隐藏起来，因为它说不出，道不明。

再后来，这姑娘结了婚，有了自己的家庭。这个问题还是一直困扰着她，直到退休。

于是她去看心理医生，心理医生在了解了这段坎坷而富有戏剧性的经历后告诉她，这是一种病——焦虑症。腹泻也好，头痛、头晕也罢，都是焦虑情绪躯体化的一种表现。

刚开始，她将信将疑，不肯也不愿相信明明是拉肚子，怎么可能是精神或情绪方面的问题。后来服用了一些抗焦虑药物后，她发现腹泻症状开始有了明显的改善，精神也越来越好。遇事不闹肚子了，不愉快的情绪也没有了。

长期的焦虑会严重影响你的日常生活，它会干扰你的食欲、生活习惯、睡眠以及工作绩效。所以我们一定要调节好自己的情绪，不让焦虑影响我们的身心健康。

焦虑会影响你的人际关系

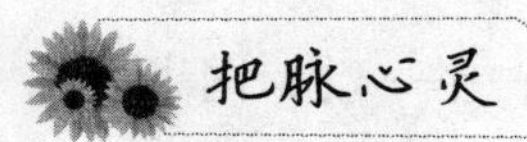

把脉心灵

回答下面的问题，如果多数回答“是”就说明你焦虑的情绪影响到你的人际关系了。

1. 在外出赴宴、开会等社交活动前，你是不是会感到有些紧张？

□是　　□否

2. 如果朋友们要到你家来聚会，你是否会为此准备上好几个小时？

□是　　□否

3. 在社交场合中，你是否常会觉得面红耳赤？

□是　　□否

4. 你很害怕认识新朋友吗？

□是　　□否

5. 你是不是十分自我主义？

□是　　□否

6. 在你十分生气或紧张时，声音会不会出现颤抖的情况呢？

□是　　□否

7. 你是否在意别人如何对待你？

□是　　　□否

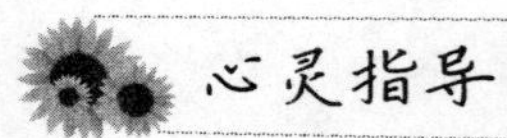

心灵指导

有不少人会出现类似这样的情况：在一段时期内情绪低落，做什么事都无精打采，感到疲惫、困倦、焦虑、紧张；在家里要么不愿跟家人多说一句话，要么一出口就想发火；工作时无法安下心来做一件事，总觉得有无数双眼睛在盯着自己的一举一动；同事或领导一句无心的话都会让自己心神不宁好久，有时竟然会紧张得手足无措。于是，总觉得自己所到之处，空气就如凝固了一般，致使自己的人际关系糟糕到了极点。

实际上这就是"焦虑"在作祟。在这个快节奏的时代里，人们难免会承受某种压力或遭遇一些挫折，而这是滋生焦虑"最佳"的温床。一旦人的焦虑超出了一定的限度，就会影响到个体的正常生活，尤其是人际交往这一人类特有的活动。

小威步入职场已经很多年了，可是如何处理好办公室里的人际关系，一直是让他头疼的问题。

他刚刚参加工作时，总觉得自己是办公室里的隐形人，同事们忙忙碌碌的，只有他不知道应该做什么。他觉得是领导对他的工作能力不够认可，所以从来不给他安排工作。每当同事们凑在一起窃窃私语的时候，他总担心同事们是在嘲笑他。所以，那时候的他很少参加公司里组织的活动，总是一个人默默独处。

后来他似乎意识到了自己的问题，觉得大家之所以不喜欢他，可能就是因为他很少主动和同事们来往。于是他开始主动和大家打成一片，有时候还特别主动地帮同事们买饭打水。无论公司里组织什么样的活动，哪怕是其他部门的活动他也都很积极地参加。他还定期组织聚会，邀请公司的同事和领导来参加。他以为这样一来大家便可以接纳他了，可是让他没想到的是，后来领导找了他谈话，说他不踏实，缺乏刻苦钻研业务的精神，反倒是在其他活动里投入了过多的热情，这样对他未来的工作和个人发展都很不利。小威被领导批评的事在公司里传开了，同事们对他也不再亲近了。

这让小威感到很郁闷，不知道为什么自己那么努力，却还是处理不好职场里的人际关系。他开始专心钻研业务，变得不再愿意说话，尽量回避各种社交的场合，有时迫不得已要在众人面前讲话，他都会感到焦虑不安。

再后来，小威的一个同事因为工作表现优异被提升为部门的副总。可小威并不喜欢这个同事，以前两人的关系相处得也不是特别好，现在人家当了领导，小威总是担心自己曾经的不友好会遭到同事的报复，他觉得自己以后再也没好日子过了。有一次，因为一份文件转天必须提交，领导却只安排了小威一个人加班，他觉得自己的噩梦真的开始了。接下来的一段日子，小威每天都过得提心吊胆、坐立不安。他总觉得有人要害他，后来甚至不愿意再去上班。就是在这样的忐忑与焦虑中，他感到身体不适，不得不向公司请了很长一段时间的病假。

面对越来越激烈的社会竞争，现在很多人出现了和小威一样的困扰。比如面对他人的时候总是缺乏自信，觉得自己不如别人；总是担心别人会对自己不友善，与他人交谈时也感到很不自然，手足无措，甚至不敢与他人对视；要么对与人相处或社交活动感到恐惧，从而把自己封闭起来；要么为了不让人看出自己的紧张和恐惧，在社交活动中又表现出异样的活跃。这样不仅无法使人际关系得到改善，反而让自己越发陷入被孤立的窘境。

其实这一切都可归咎于我们内心的焦虑。有的人不敢正视挫折，在人际交往过程中总是担心自己被人伤害；有的人缺乏自信，对自己的评价过低；有的人则过分看重他人的评价，总是担忧自己的生活状况或工作成果会招来他人的负面评价；还有的人则只关注结果，单以成败论英雄，所以对失败格外恐惧，自然在做事时也提心吊胆，很难激发自己的全部潜能。而这些都会使我们的内心感到焦虑。

所以，要想保持良好的人际关系，就必须摆脱焦虑情绪的困扰。良好的人际关系并不难求，就是要对自己对他人保持真诚、尊重、包容和简单的心态。要真实地做自己，真诚地对待他人；与人相处时，要不卑不亢，尊重他人；对于自己和他人身上的不足要懂得包容。只要让生活中的一切变得简单，那么焦虑的情绪就会烟消云散，你也一定会成为最受朋友同事欢迎的人。

焦虑影响我们的生活

把脉心灵

你在生活中是否有如下的担忧，如果“是”的情况多，说明你的焦虑已经影响到了你的生活。

1. 担心升学

□是　　□否

2. 担心找工作

□是　　□否

3. 担心职位的稳定性

□是　　□否

4. 担心物价上涨

□是　　□否

5. 担心银行涨息

□是　　□否

6. 担心老无所依

□是　　□否

7. 为了某一件事，茶不思饭不想

□是　　□否

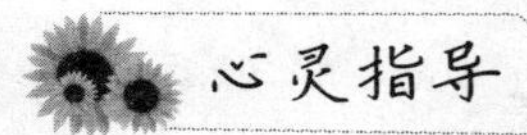

心灵指导

曾有人做过这样一个实验：在一个关猴子的大笼子里，有通向高处的铁链梯，铁链梯上有各种转动的车轮。这原本是猴子最喜欢玩的东西，但上边通了电。每当猴子触摸到铁链梯，就会遭遇电击。如此几回后，猴子就围着铁链梯团团转，想上去玩，又害怕被电击。最终变得越来越焦虑，很快就累倒了。

这与人们因工作而导致的焦虑十分类似。其实，真正令猴子崩溃的并不是攀登铁链梯的疲劳，那累不倒它。而是当它处于想玩铁链梯又害怕被电击的冲突中时，就变得很焦虑，并因此而垮掉。在现实生活中，当我们工作过头，对工作产生畏惧情绪，并因此而陷入想工作又不敢工作的冲突中时，就会像上面实验里的猴子一样，先是焦虑，最后累倒。不只是工作，任何冲突都可能成为焦虑的源头。这时所产生的焦虑无一例外地会影响我们的生活质量，扰乱我们的正常生活。

德国心理医生库尔特·戈德斯坦指出：“恐惧能令感觉更加敏锐，焦虑则使人瘫痪。”是的，一旦我们被焦虑控制，我们的大脑似乎每天24小时都在高速运转。我们无法停止思考，即便心中也意识到这样的思考是没有意义的，却无法喝令它停止，可这只会产生越来越多的焦虑。焦虑似乎从未让我们的生活变得更美好、更有价值。相反，它仿佛只会令我们表现失常，引起与他人的争端，扰乱我们的睡眠，影响我们的判断，干扰我们的选择。无论此时此刻生活赐予我们多少幸福，被焦虑牢牢掌控住的我们却只是忙于懊恼过去、担心未来，其余的一切则都无暇顾及。总之，焦虑给我们的生活蒙上了一层挥之不去的阴霾。

李立和志方是同宿舍的好兄弟，毕业后李立找到一份稳定的工作，而志方留校继续深造。经过几年的刻苦努力，如今的志方已经取得了博士文凭，留在大学做了老师。按说这是一份不错的工作，可是志方看上去却并没有那么好，所以他们找空闲的时间出来吃饭聊天，调节一下心情。

在一次吃饭的时候李立有些不以为然地问："你怎么不吃东西，是身体不舒服还是最近在减肥？"

"不是的，可能是上了年纪，吃不动了吧。"志方笑着说。

"开什么玩笑，你才多大年纪就说自己老了。"李立很坚决地否定了志方的论断。

"不知道怎么了，最近就是食欲很差，我怀疑自己是不是病了？可前几天体检，并没有查出什么问题啊。"

"那是不是你有什么心事？"李立关心地问。

"特别的事情倒是没有，不过工作确实给我带来一些压力。"志方若有所思地说。

"工作很忙吗？还是和同事的关系处理得不好？"

"不是因为这些，在我刚到学院里的时候，觉得自己应该可以胜任这份工作，可是通过和其他老师的接触，我发现他们无论教学还是科研能力都很出色。根据学院的规定，每个老师每年至少要完成两篇专业论文，可我发现以前学的东西似乎根本用不上，我现在真的很怀疑自己的能力，担心自己的工作完成不好。每天总是忧心忡忡的，也吃不下饭。”

志方显得很焦虑，李立一个劲儿地鼓励他、劝慰他，让他凡事都要慢慢来，不要给自己那么大的压力。

过了一段时间，李立去学校找他打台球，发现他不仅人瘦了许多，面容也很憔悴。

“最近休息不好吗？”李立关心地问他。

“是啊，总是要翻来覆去很长时间才能入睡，即使睡着了也经常无故地醒过来，就再也睡不着了。”

“还是因为工作的事吗？”

“现在的情况更糟了，我和女朋友眼看就要结婚了，所以我们决定买房。这对我来说真的是一笔很大的开销，我向亲戚朋友借了不少钱，总算把首付交上了，可是以后一边要还房贷，一边还要还债，生活一定会相当的艰难。晚上一闭上眼睛都是这些事，你说我怎么才能睡得着？”志方显得很痛苦。

“就为这些你把自己搞成这样？”

“我也不想这样啊，现在每天吃不下、睡不着。我也不知道，我的生活怎么就变得这么糟了？”

其实，很多年轻人都存在和志方一样的困扰，觉得自己担子重，肩膀被压得很痛，有时候会觉得自己被什么压得喘不过气来。于是，开始出现茶饭不思、夜不能寐的现象，可越是如此，生活中各方面的压力越不可能得到缓解，从而加重了身体和心理的不适感，这就让自己陷入了一个恶性循环。

如今的年轻人的确都面临着激烈的社会竞争和沉重的家庭负担，但是更多的焦虑感还是来自他们的内心。他们的欲望很多，房子、车子、升职加薪、自由旅游等，可是因为大多数年轻人的事业还处于起步阶段，薪水低，职位又不高，并且他们从小被家长灌输的“成龙成凤”的思想又根深蒂固，导致他们出人头地的渴望特别迫切。这便会让他们出现焦虑的情绪，从而生活也变得越来越糟。

所以，要想改善“变糟”的生活，首先要意识到让生活变糟的罪魁祸首是我们自己内心的焦虑和不安。

只要能走出焦虑的情绪，你不仅能吃得饱睡得好，生活也一定会越变越好。

焦虑影响你的事业

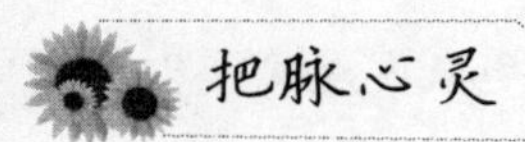

在工作中，人进入一家企业与之共同奋斗成长，到了一定时间就会有一些基本症状，就是所谓的职场焦虑症。看看你是否符合下面几点症状。

一是选择性焦虑。工作、学习、生活中，面临许多的选择，人生几乎所有精力都在选择、判断、等待中蹉跎，表现为犹豫、烦恼、纠结、焦躁。

二是成功性焦虑。急着涨薪、升职、成功，人生又急不来，求之不得形成症结，折磨着每个有梦想的人，主要表现为急躁、慌乱、幻想。

三是高薪空虚症。拿着高薪也会患病，有不少人有了些钱却衡量不出成功，反而制造出更多恐慌和疑虑，缺乏安全感，内心空虚。

四是办公室抱怨综合征。对工作没有激情、热情，却满腹牢骚、心里阴郁、相互抱怨、职业倦怠，形成负面情绪，这些病症挥之不去就会出现亚健康状态。

心灵指导

在职场，当我们在工作中身心疲惫，彷徨、失落、迷茫的时候，我们就会产生自己都无法控制的心情，即焦虑症。

刘杰明是一名建筑设计师，凭着几年来的不懈努力，他已在公司谋得了一个要职。可是近一个月来，他总觉得自己以后没有多大的升迁空间了。因为在部门讨论会上，他总是很少发言。即使坐在那里听别人讲解，他也觉得极不舒服，更不用说发表自己的建议了。前两天，领导问他可否在第二天的会议上对一个工程中他负责的设计部分做一个介绍，听到这里，刘杰明感到极度紧张，额头上不知不觉渗出了一层细密的汗珠，脑海里也霎时变得一片空白，不知道该如何回答。过了一会儿，他才神情古怪地点了点头。可事实上，他此时心中所想的却是要辞职。

在大众的眼中，樊洋无疑是一个不折不扣的成功人士：他出过多部作品及评论集，有几本还颇为畅销，在业内也属于知名人士；

他还有着较深厚的字画功底，并曾经办过几次个人书画展。可是，如今樊洋却无法投入地工作，只要一走进书房，坐在书桌前，他就感到胸闷、心神不宁、焦躁难耐、全身乏力。到医院进行相关检查后，医生告诉他只不过是心跳过速，没有多大的问题。可樊洋却并不放心，总是怀疑自己得了心脏病。如此的疑神疑鬼让他变得更加焦虑不安，一切工作都被迫搁浅。

每个人都有自己理想的职业规划蓝图，并想通过职业的发展来实现自己的人生价值和意义，但是焦虑情绪的侵入，却让类似刘杰明和樊洋这样的人走向了职业的瓶颈期。据调查，九成以上的职场人士会受到焦虑症的困扰。在这个压力如山般的社会中，焦虑并不都是如洪水猛兽一样可怕。偶尔的紧张焦虑，可以给我们的事业带来适度的压力，增强奋进的动力。可一旦让焦虑蔓延至上述两例主人公所遭遇的那种程度，那么它会成为我们事业前进途中的绊脚石。

焦虑的起因通常是源自内心而非外界，似乎是对某个遥远、模糊、无法辨识的危险的反应。我们可能会因为对自己或某些情况缺乏控制而焦虑，也可能会没有缘由地担心某种灾难或挫折会发生。

焦虑症的确是一种情绪态的东西，更确切地说，属于潜意识操纵下的一种不定的人格。它一旦控制住我们，就扭曲了我们的认知。它犹如一副有色眼镜，只要戴上了，我们就看不清真理的原本面目。所以，在第一个例子中，与会的同事并未刻意地去观察刘杰明，他却认为所有人都在盯着他看，怕别人看出他的不自在，怕有人让他发言，结果他就愈加坐立不安，更不敢在会上发言了。而他今后的事业发展状态也就可想而知了。樊洋也是这样，生活中一些微小的不如意的事情及偶尔身体的不舒服，加剧了他的焦虑，从而导致他的生活及事业都走向了人生的低谷。

焦虑会使人无端紧张、烦恼或疲惫，一旦将这样的情绪带到工作中，我们所做的事情肯定会出现这样或那样的纰漏，进而对工作的兴趣也会逐渐降至最低。即便是我们再喜欢做的工作，碰上这样的灰色心情，也容易使我们感到心力交瘁，事业前进的车轮也会因此而缓滞。

焦虑是人类最基本的情绪之一。那些对人生设计了高目标的人，焦虑的情形尤为突出。在现如今这个处处充斥着竞争的社会中，许多人都喜欢追求高目标，追求完美，追求方方面面出人头地的机会，焦虑便隐秘而又疯狂地在人们的心灵深处潜滋暗长。它总是在我们的事业如日中天之时打破我们内心的平静，使我们的工作成效降低，让我们陷入过度疲劳的泥潭之中，难以找到最佳的工作状态，我们的事业前景也因此而变得一片暗淡。

《昭明文选》中曾收录有这样一首诗："生年不满百，常怀千岁忧。昼短苦夜长，何不秉烛游？"希望我们大家能够从中受到启发，摆脱过分而不必要的担忧，从今天做起，"秉烛夜游"，将焦虑化作正性的应激，在一个又一个危机感中，将自己的事业推向一个又一个高峰！

焦虑就在你我身边，它并不是我们如影随形的梦魇。相反，掌控好焦虑，它也可以是我们事业成功的利器！

第二章

心灵药浴：调节焦虑的不二秘诀

现代人的压力普遍过大，导致生活充满了焦虑，焦虑甚至已经成为我们摆脱不掉的一个“习惯”。然而，过度的焦虑会消耗精力、损害健康、扭曲我们的心灵。尤其是当我们把自己有限的精力都放在某些不必要的焦虑上，我们便容易陷入不必要的紧张和烦恼中。这样，就算幸福的“天使”从我们身旁经过，我们也无暇抓住幸福的影子，只能眼睁睁看着幸福渐行渐远。学会为焦虑的心灵泡个药浴，无疑是排解焦虑的最佳选择。

秘诀一：古老中医的情绪疗法

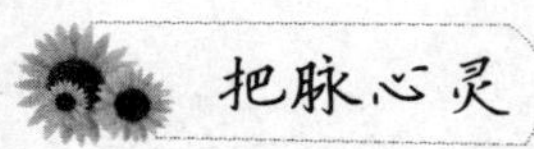

把脉心灵

心理学家研究发现，感情细腻的人非常容易情绪化。那么，你是不是一个情绪化的人，能不能比较理智地对待感情，你的情绪指数到底有多高呢？做完下面这个测试，你就清楚了。

当你早上起来对着镜子看时，你发现自己的脸油油腻腻的，而且还起了小痘痘，这时候你会有什么表情？

A. 很生气的表情

B. 没有任何表情

C. 皱眉的苦瓜脸

心灵分析：

A. 你的情绪化指数为60%。你是一个比较情绪化的人，但你的情绪化往往只有自己感觉得出，大多数时候不会表现出来，总是把所有的情绪都藏在心底，目的是不想让身边的人为自己担心。所以，你的情绪比较压抑，不过到了一定的程度，也会有爆发的倾向。

B. 你的情绪化指数为40%。大多数时候你都是非常淡定的，而且很独立。你可以在短时间内平复自己的心情，只是在私生活方面有点情绪化而已。

C. 你的情绪化指数为99%。你是一个情感极其脆弱的人，情绪很容易受到外界的影响，然后把情绪写在脸上。

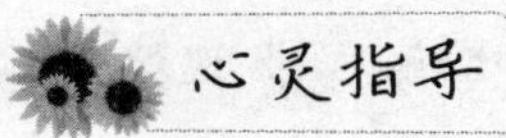

心灵指导

根据传统中医理论，人有七情，即喜、怒、忧、思、悲、恐、惊七种情志活动。正常的七情活动并不影响人体健康，反而能调节人体自身平衡。但若太过或不及都会导致情绪问题，继而引发各种身心疾病。针对七情太过引发的疾病，可以根据五行制胜的原理来治疗。

具体来说，就是利用不同情绪之间相互制约、影响的关系，通过有目的地激发某种性质的情绪变化，来调控、治疗另一种变化强度过大的情绪，使即将被破坏的机体平衡得以恢复，这就是以情胜情疗法。依据《黄帝内经·素问》中所言，有“悲胜怒，怒胜思，思胜恐，恐胜喜，喜胜悲”等疗法。

各种情绪相互影响、制约，所以又称反向情绪转移疗法。如“悲胜怒”，即发现存在愤怒的不良情绪时，有意识地采用行动去激发悲伤的情绪，用悲伤去压制和调整愤怒，从而达到改善身心的目的。这种方法起源于我国传统中医，是世界上独特的一种心理治疗方法，在我国古代有着极其广泛的应用，以下对各种以情胜情疗法进行具体解释。

1. 以喜胜悲疗法

喜为心之志。喜在正常情况下能缓和紧张情绪，使心情舒畅、气血和缓。如果使陷入悲痛情绪的人产生欢喜的情绪，就能战胜悲伤抑郁的情绪，而使其轻松愉快，精神奋发向上。

清代有一位巡按大人，终日愁眉苦脸。几经治疗，终不见效，病情日渐加重。经人举荐，名医前往诊治。名医望闻问切后，对巡按大人说："你得的是月经不调症，调养调养就好了。"巡按大人听了捧腹大笑，说道："这是什么名医，我堂堂男子焉能'月经不调'，真是荒唐到了极点。"自此后，每忆起此事就大笑一番，乐而不止，久而久之，病也好了。一年之后，名医又与巡按大人相遇，这才对他说："君昔日所患之病是'郁则气结'，并无良药，但如果心情愉快，笑口常开，气则疏结通达，便能不治而愈。"巡按大人恍然大悟，连连道谢。

2. 以悲胜怒疗法

发怒是人们的欲望和需求受到遏抑，郁怒之火向外发泄的一种表现。这里运用的是"悲则气消"的原理，它是指使盛怒者产生悲哀、恻隐之心用以收摄其怒气，使其体内气机得以平衡，以利于身心康复。

《三国演义》中"三气周瑜"的故事家喻户晓，一气周瑜：诸葛亮抢先拿下荆州。二气周瑜：诸葛亮用计使周瑜"赔了夫人又折兵"。三气周瑜：周瑜向刘备讨还荆州不利，又率兵攻打失败，周瑜一怒叹道"既生瑜，何生亮"后吐血而亡。

这个故事中，诸葛亮深知周瑜气量小，略施小计三气周瑜，而致其暴怒伤肝，肝气上逆喷血而去。假若此时周瑜家出现悲伤之事，也许周瑜不会英年早逝。

3. 以怒胜思疗法

思虑过度则可导致气结，忧愁不解容易意志消沉，过于惊恐会胆虚气怯，等等。运用“怒则气上”的原理，适当发怒可治愈上述那些阴性的情志病变，使阴阳气血平衡，可以恢复心脾神气的功能。

太守忧虑过度，大病不治。家人延请华佗，华佗诊断后故意索要重金才肯治疗。太守家人无奈付出重金，谁知华佗一拖再拖，最后竟不辞而别，留下书信一封大骂太守。太守大怒，立刻派人追捕华佗。太守的儿子知道华佗用意，暗暗叮嘱家人不要去抓华佗。太守听说抓不到华佗，更加怒气冲天，一气之下，呕出几口黑血。不想这一呕，病反而好了。

4. 以思胜恐疗法

恐是一种胆怯惧怕的心理。“思则气结”的原理，当人恐惧时，可以引导病人对有关事物进行思考，治疗因惊恐导致的形神不安。思考能够收敛涣散之神气，调控情志平衡，促进身心康复。这与西方的认知疗法有类似之处。

5. 以恐胜喜疗法

喜可以缓解紧张情绪，但喜乐过极则损伤心神，导致心的病变。运用“恐则气下”的原理，面对狂喜之人以适当的手段，使其产生恐惧心理，收敛耗散的心神，以助于恢复心神。

以情胜情疗法经过千百年的实践，被证明是行之有效的情绪转移法。遭遇不良情绪时，不妨利用以情胜情法转移心理困境，调理、平衡阴阳，达到身心健康的目的。但要注意具体问题具体分析，不能生搬硬套，否则只会增加新的不良刺激。《内经》中有句话说得好“精神内守，病安从来”，只有正确对待生活，理智从容地对待身边的人和事，才能保持一个良好的心态，健康长寿。

秘诀二：化解“焦虑”的招数

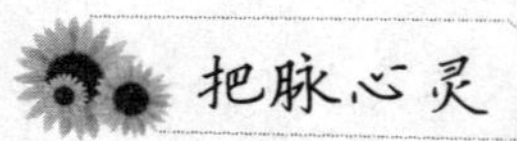
把脉心灵

如何测试焦虑症？测试焦虑症可以通过以下题目来进行，以下题目“是”计1分，“否”计0分。

1. 如果朋友们要到你家来聚会，你是否会为此准备上好几个小时？
2. 外出或睡前，你是否都要好几次查看门窗有没有真的锁好了？
3. 如果别人取笑你，你心中会惶惶不安吗？
4. 为使自己平静下来，你是否常常服用一些镇静安神的药物？
5. 在外出赴宴、开会等社交活动前，你是不是会感到有些紧张？

心灵分析：

根据自己实际情况进行焦虑症自测作答，最后统计分数。如果分数小于或等于3分，说明你拥有良好的心态；如果你的分数在4到9分之间，说明你对情绪的自控能力比较好，但仍然有偶尔焦虑的表现；分数在10分以上则说明你对生活过度操心了。

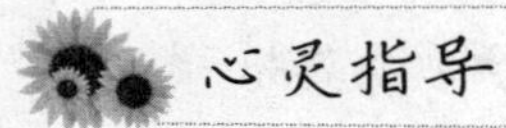

心灵指导

焦虑不但解决不了任何问题，反而往往会在紧要关头坏事。既然如此，我们不如心平气和地面对一切。

刚刚参加工作的张凡最近一段时间不知道为什么老是为一些微不足道的小事忧虑，以至于影响了正常的工作和生活。

例如，不知道是什么原因，张凡竟然对自己之前非常喜爱的钢笔讨厌起来。当他看到被磨得非常平滑的钢笔尖儿的时候，他心如刀绞，非常不舒服。不仅如此，他还非常讨厌那只钢笔的颜色，黑色让他感到压抑。所以，他决定不使用它了。他又买了一支灰色的钢笔，可看着它，张凡心里也难受。那这次又是为何呢？原来在他买钢笔的时候，张凡看到了售货员是个年轻漂亮的姑娘，所以特别紧张。更夸张的是，他竟然满头冒汗，他觉得肯定让别人看见了，所以伤害了他的自尊心。所以，看到这支钢笔，就让张凡想起自己出丑的事情。他恨不得扔了它，但回过头来想想，这不是跟自己过不去吗？钢笔是自己新买的，不仅花了钱，关键是还没用呢。所以，便打消了这个念头。

还有一次是，张凡买了一个小塑料盒，主要是用来盛饭。但看到这个盒子，他突然想："这是不是聚乙烯的呢？"因为张凡曾经看过一篇报道，说聚乙烯的产品是有毒的，不能盛食物。这下张凡又紧张起来了：这个小塑料盒到底有没有毒呢？如果有毒的话，我使用了它不就相当于慢性自杀吗？如果没有毒，我不用它不就白白浪费了……

有一天，张凡又为头上的两个“旋儿”而苦恼起来。他听人说：“一旋儿好，俩旋儿孬，两个顶（旋儿），气得爹娘要跳井。”真有这么回事吗？要不为什么自己经常惹父母生气呢？可许多有两个旋儿的人也不像自己这么怪呀！这个念头令张凡终日忧虑不已。

张凡就是这样一直在忧虑的旋涡中徘徊、挣扎着……

可怜的张凡在忧虑中不断地折磨自己，他这是一种典型的焦虑心理。

其实，很多人的焦虑情绪都是没有原因的。它是一种可能随时出现的令人不愉快的紧张心理状态。适当的焦虑是有好处的，例如它可以提高人的警觉度，充分调动身心潜能。但如果过度焦虑，那么，你就整天处于一种不安的状态，根本无法正常生活。

处于焦虑状态时，人们常常有一种说不出的紧张与恐惧，或难以忍受的不适感，主观感觉多为心悸、心慌、忧虑、沮丧、灰心、自卑，但又无法克服，整日忧心忡忡，似乎感到灾难临头，甚至还担心自己可能会因失去控制而精神错乱。在情绪上整天愁眉不展、神色抑郁，似乎有无限的忧伤与哀愁，记忆力衰退，兴味索然，注意力涣散；在行为方面，常常坐立不安，走来走去，抓耳挠腮，不能安静下来。

心理学研究表明，导致焦虑的原因既有心理的因素，又有生理因素。同时，人的认知功能和社会环境也起重要作用。

下面就教你几招来化解焦虑。

1. 进行耗氧运动，以振奋精神

如果你感到焦虑，可以通过强耗氧运动来振奋自己的精神。强耗氧运动主要包括快步小跑、快速骑自行车、疾走、游泳……在进行这些运动的时候，心搏加速，促进血液循环，从而改善身体对氧的利用。另外，在大量利用氧的过程中，所有的不良情绪会随着体内的滞留浊气一起排出。这样你这个人就会感觉精神振奋，一身轻松，任何心理问题都消失得无影无踪了。

2. 选择适宜颜色，以滋养身体

美学家通过研究多人的行为发现，犹如维生素能滋养身体一样，颜色能滋养心气，而且效果还较明显。要注意选择适宜的颜色，凡是能使心情愉快的鲜明、活泼的颜色以及具有缓和和镇静作用的清新颜色都可采用。这样，可使你的视觉在适宜的颜色愉悦下，产生滋养心气的效果，并使心理困扰在不知不觉中消释。

3. 做一个三分钟放松运动操，以缓解焦虑

一分钟“抬上身”——缓慢地使身体向下触及地面，双臂保持俯卧撑姿势，然后双手向下推，胸部离开地面，同时抬头看天花板，吸气，然后再呼气，使全身放松。

一分钟“触脚趾”——双手手掌触地，头部向下垂至两膝之间，吸气。保持这个姿势，再抬头挺胸，同时呼气，然后全身放松。

一分钟“伸展脊柱”——身体直立，双腿并拢，在吸气的同时将双臂向上伸直举过头，双掌合拢，向上看，伸展躯干，背部不能弯曲，然后呼气放松。

焦虑是每个人都有的情绪体验，要防止它成为病态，就要寻找各种能舒缓压力的方式。面对焦虑，面对真实的自己，是化解焦虑的最佳良药。让我们一起化焦虑为成长的契机，做一个自在、心无挂碍的现代人。

秘诀三：删除多余的焦虑情绪

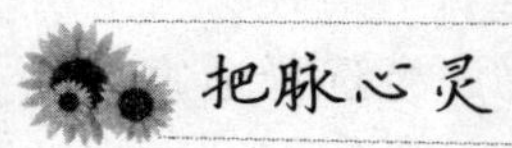

注意事项：下面有20条描述，请仔细阅读每一条，把意思弄明白。每一条描述后有4个方格。请你根据最近一星期的感觉，按照由浅到深或由深到浅的程度，在适当的方格里画“√”。

1. 觉得比平常容易紧张和着急

□1　□2　□3　□4

2. 无缘无故地感到害怕

□1　□2　□3　□4

3. 容易心里烦乱或觉得惊恐

□1　□2　□3　□4

4. 觉得可能将要发疯

□1　□2　□3　□4

5. 觉得一切都很好，也不会发生什么不幸

□1　□2　□3　□4

6. 手脚发抖、打战

□1　□2　□3　□4

7. 因为头痛、头颈痛和背痛而苦恼

□1 □2 □3 □4

8. 感觉容易疲乏和困倦

□1 □2 □3 □4

9. 觉得心平气和，并且容易安静地坐着

□1 □2 □3 □4

10. 觉得心跳得很快

□1 □2 □3 □4

11. 因为一阵阵头晕而苦恼

□1 □2 □3 □4

12. 曾经晕倒过，或觉得要晕倒似的

□1 □2 □3 □4

13. 吸气和呼气都感到很容易

□1 □2 □3 □4

14. 手脚麻木和刺痛

□1 □2 □3 □4

15. 因为胃痛或消化不良而苦恼

□1 □2 □3 □4

16. 常常要小便

□1 □2 □3 □4

17. 手常常是干燥温暖的

□1 □2 □3 □4

18. 脸红发热

□1 □2 □3 □4

19. 容易入睡并且一夜睡得很好

□1　□2　□3　□4

20. 做噩梦

□1　□2　□3　□4

计分标准：

把20题得分相加为粗分，把粗分乘以1.25，四舍五入取整数，即得到标准分。每题的得分为选项分。

测试分析：

焦虑评定的分界值是50分，分值越高，焦虑倾向越明显。

心灵指导

年轻人大多都有过这样的经历，在学校的时候总是担心自己毕业后找不到工作，每天焦虑重重；找到工作后又害怕自己在激烈的竞争中被淘汰，成天提心吊胆；有的人还害怕自己没有能力迎接突如其来的挫折，等等。

适当的焦虑可以促使人奋发向上，激发向上的原动力。但是，过度焦虑并不可取，它只会让人成天忧心忡忡，久而久之成为习惯，会影响你的心情，影响你取得成功。

凡事能够退一步想，不要那么耿耿于怀，焦虑就会减轻。只有删除多余的焦虑，我们的生活才能更加舒畅。比如说今天上班迟到了，也可以这样安慰自己：说不定上班的人今天都起早了，一路过去都畅通无阻。万一塞车了，老板可能还没到。

凯瑟女士的脾气很坏，很急躁，总是生活在紧张的情绪之中。每个礼拜，她要从在圣马特奥的家乘公共汽车到旧金山去买东西。可是在买东西的时候，她也特别担心——也许自己的丈夫又把电熨斗放在熨衣板上了；也许房子烧起来了；也许她的女佣人跑了，丢下了孩子们；也许孩子们骑着他们的自行车出去，被汽车撞了。她买东西的时候，常会因担心而冷汗直冒，然后冲出商店，搭上公共汽车回家，看看是不是一切都很好。后来，她的丈夫也因受不了她的急躁脾气而与她离了婚，但她仍然每天感到很紧张。

凯瑟的第二任丈夫杰克是个律师——一个很平静、事事能够加以冷静分析的人，很少为什么事情而焦虑。

杰克充分利用概率法则来引导凯瑟消除紧张、焦虑。每次凯瑟神情紧张或焦虑的时候，他就会对她说："不要慌，让我们好好地想一想……你真正担心的到底是什么呢？让我们看一看事情发生的概率，看看这种事情是不是有可能会发生。"

有一次，他们去一个农场度假，途中经过一条土路，碰到了一场很可怕的暴风雨。汽车一直往下滑，没办法控制，凯瑟紧张地想，他们一定会滑到路边的沟里去，可是杰克一直不停地对凯瑟说："我现在开得很慢，不会出什么事的。即使汽车滑进了沟里，根据概率，我们也不会受伤。"他的镇定使凯瑟慢慢平静下来。

不要无谓地焦虑，要适时地安慰和劝导自己。像杰克那样根据概率分析事情发生的可能性。如果根据概率推算出事情不可能发生，这样通常能消除你90%的焦虑。

焦虑会使你的心情紧张，总是担心和惦记某些事情并不能有助于你解决问题。坐飞机时即便你心里想一千遍会不会遇到飞鸟撞机事件，或者飞机坠毁等意外，在到达目的地前，你也只能老老实实待在机舱里。

焦虑就像不停往下滴的水，而那不停地往下滴的焦虑，通常会使人心神不宁，进而精神失控。焦虑也像一把摇椅，你在上面一直不停摇晃，却无法前进一步。

生活中情绪性的焦虑是多余的。生活中不如意之事很多，要善于把握自我，控制好自己的情绪，找出让自己高兴的方式和途径，远离焦虑，迎接阳光灿烂的每一天。

秘诀四：别把坏情绪传染给别人

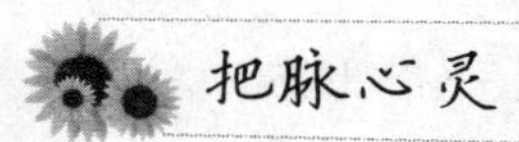

情绪是会传染的，对于你来说你的情绪会影响他人吗？你容易受到别人的情绪影响吗？

很多时候，我们的情绪是很难掌控的。暂且不说你的情绪能不能感染到别人，你自身容易受到别人情绪的影响吗？经过下面的这个测试，你也许能够找到答案。

当你到医院做体验时，如果医生对你说“你有点营养失调，注意饮食”，你会做出什么反应呢？

A. 今后注意每天的膳食

B. 服用维生素之类的补药

C. 认为医生误诊，会去别的医院再看一下

D. 完全不放在心上

心灵分析：

A. 你是一个非常乐观的人，就算是出现了再大的危机，你也对自己充满了信心，丝毫不受消极情绪的影响。

B. 你的情绪有时会很容易受到影响，别人随口说出的话就可能会导致你内心的不安，你需要适时对自己的情绪进行调节。

C. 你的情绪非常容易受到别人影响，因为你实在太紧张。不妨学着让自己放松下来，其实生活还是很美好的。

D. 你完全是一个无忧无虑的人，什么样的事情都影响不到你的情绪。

心灵指导

焦虑情绪犹如病菌，会传染给我们身边的人；它还犹如毒酒，让我们在焦虑的泥潭不能清醒；它又犹如利剑，不仅刺伤自己还刺伤别人。只有停止焦虑，我们才能脱离灰色的人生；只有停止焦虑，我们才会得到幸福。

楚汉相争，刘邦与项羽决战于垓下，项羽被刘邦所困。为了削弱项羽军队的战斗力，谋臣张良用箫吹起悲凉的楚国歌曲，并让汉军士兵中的楚国士兵和他一起唱。这些歌曲传到楚军营里，顿时勾起了楚军缠绵的思乡之情。再联想到被困的局面，楚国众士兵不由得心生焦虑，很快这种焦虑的情绪在整个军营里蔓延开来，上至将

军，下至普通的士兵都开始厌战，渴望回到家乡和亲人团聚，不愿意在这已成败局的战争中白白失去自己的生命。于是，项羽营中顿时军心涣散，士兵有的逃跑，有些心生投降保命之心。刘邦正是在这种境况下打败了项羽。

这就是历史上著名的“四面楚歌”，实际上张良这一计谋正是成功利用了心理学上著名的“情绪共鸣”原理，心理学上认为：一个人情绪的内在和外在表现往往能影响和感染周围的人，让周围的人产生相同的感觉。生活中我们常常看到这样的现象，办公室里有人因为工作压力大，心里感到焦急不停地唉声叹气或者满脸阴郁，马上整个办公室的人的情绪都开始变得坏起来。由此可见，人的焦虑情绪是可以传染的，会给我们的生活带来许多麻烦。

在日本的有些企业规定，所有的人员上至管理者，下到员工，都不许带着坏情绪上班，对违背者会给予处罚。

松本莉子是一家企业的中层管理者，当她月底领工资时发现自己的工资少了500元，询问人力资源处后得知：上班时情绪坏，影响到整个部门的心情和工作效率。松本莉子这时忽然想起前几天的中层领导内部会议上，董事长曾指出如果领导的情绪不好会给员工的工作带来很大的心理压力，所以，董事长在会议上要求，整个企业内部所有的领导和员工在工作中一律保持微笑，使整个办公室都处于一种良好的环境中，让每个人都工作愉快。

然而，恰恰松本莉子这几天工作压力很大，家里又出了点事，难免心中焦虑，在办公室中唉声叹气，甚至在心中最为烦闷时曾对着一个犯了小错误的员工发脾气，让那个员工情绪低落了好久，整个办公室也一度因为松本莉子的发脾气事件而气氛紧张。人力资源部还给她出具了员工对她的投诉：

“7月2日，松本部长在工作时唉声叹气，让员工士气低落，7月3日松本部长在办公室发脾气，让整个办公室气氛颇为紧张，员工心中焦虑无法照常工作。”这样的投诉人力资源部一下接到了近10个。

看着员工们对自己的投诉，松本莉子心生愧疚，并在心中暗暗下定决心，以后一定要学会控制自己的情绪，就是工作压力再大，生活中遇到再艰难的事情都要心平气和，不再带着焦虑的情绪上班。

众所周知，细菌、病毒会传染，然而，新的研究表明，焦虑的情绪和病菌一样具有传染性。研究发现一个原本心情舒畅、活泼开朗的人，若是整天同一个愁眉苦脸、心怀焦虑的人在一起，不久就会变得焦虑起来。由此可见，在社会交往中个人情感对人的情绪有很大的传染作用，我们要学会控制自己的焦虑情绪，避免传染给别人。

短暂的、个人的焦虑情绪会转瞬即逝，不留痕迹，但是持续的、众人之间的焦虑情绪往往会互相影响，使每个人的焦虑情绪加重，形成一种恶性循环，甚至长期会发展成为一种性格。如果一个人陷入焦虑里不能自拔，会给自己造成极大的危害。所以我们一定要懂得控制自己的情绪，既不做焦虑的源头，也不要被焦虑所传染。

在人际交往中，学会控制我们的情绪至关重要，但是真正做到控制自己的情绪却很难。情绪控制是一种很高的内在修养。要控制焦虑的情绪，我们首先要做到对自己的情绪有警觉意识，然后积极地提醒自己焦虑情绪的危害，引起自己思想上的重视，然后就很容易控制它了。

保持好心情，不仅可以避免自己成为焦虑的传播源，也能避免自己被焦虑的情绪传染，甚至可以成为积极情绪的传播者。生活中，不如意的事情很多，但是多为自己的好心情找理由，你就不必再为坏情绪找借口。

秘诀五：激动时不要做任何行动

把脉心灵

凡事都有一个由量变到质变的过程，所以我们一定要循序渐进，切不可急功近利。尤其是当我们非常上进，太过于执着于早点完成任务时，这是我们心境最为浮躁的时候。那么，你在这种情况下会过于冲动吗？

假如你家住在二楼的左侧，有一天，你要出门去倒垃圾，你的左边是一个窗子，而楼上和楼下都各有一个垃圾道，在二楼的最右边也有一个垃圾道，你会到什么地方倒垃圾？

A. 从自己所在的位置一直向右走，去那里倒

B. 下楼到下面那个垃圾道去倒垃圾

C. 上楼到上面那个垃圾道去倒垃圾

D. 直接从身边的窗口爬出去倒垃圾（从那里可直接到垃圾道）

心灵分析：

A. 你不喜欢生活有太多的变化，比较喜欢安稳一点的生活，所

以你的进取心并不强，也就不会出现因此而冲动的事了。

B. 你是一个比较懒惰的人，希望自己可以省力气，但是不考虑还要回到原先的位置所需要付出的力气。这是因为你的态度不够端正，总想着敷衍了事。

C. 你有很强的进取心，可内心也比较浮躁，极有可能在冲动的情绪之下做出一些出格的事情。

D. 你是一个比较喜欢追求刺激的人，几乎到了让人觉得不可思议的地步。你总觉得平凡的生活太过单调了，想要一点充满变化的生活。

心灵指导

情绪就像人的影子一样，每时每刻都与人相随，我们在日常的学习、工作和生活中能体验到它的存在给我们的身心带来的变化。从自己的经验出发，每个人对情绪都有自己的看法，但是情绪要比我们想象的复杂得多。如果我们了解情绪对自己的影响，并对情绪的产生和发展有一定的认识，就能把握自己的情绪，让自己少一点焦虑、多一点快乐。

情绪是个抽象的概念，但是我们可以找到很多具体的词语来形容它，比如把情绪描绘成高兴的和不高兴的、满意的和不满意的、快乐的和忧愁的、短暂的和持久的……分类的方式很多，但总体来说，人的情绪可以分为积极的情绪和消极的情绪。人的情绪总是从兴奋到抑制，再从抑制到兴奋，不断地循环往复，不可能一直高涨，也不可能一直低迷。

唐代有个宰相叫娄师德，有一年，他的弟弟要去代州都督府上任。在弟弟临行前，娄师德把他叫到跟前，对他说："我没有多大的能耐，但是坐上了宰相的位置，现在你又要到代州都督府上任，我们这一家得到的皇恩太多了，会有很多人忌妒。你该怎样面对这一切呢？"

弟弟回答道："如果今后有人在我脸上啐唾沫，我就自己擦掉，一句话也不会多说。"

娄师德说："我就知道你会这样说，这也是我最担心的。别人往你脸上啐唾沫，说明他很愤怒，你把它擦掉，就是抵挡了别人怒气的发泄，这样不好。不擦也会慢慢变干，倒不如笑着接受。"

娄师德兄弟的对话有开玩笑的成分，但是意思很明确，就是要忍耐，不要与别人针锋相对，不然就会激化矛盾，带来严重的后果。

清人傅山说过："愤怒达到沸腾时，就很难克制住，除非'天下大勇者'便不能做到。"一个人不能控制自己的时候，就会丧失理智，变得行为举止失常。之所以说人们在情绪激动时不能轻易行动，是因为情绪影响行动有以下几种方式：

1. 积极方式

有时候，情绪有助于我们找到应对生活的方法，比如，当我们感到害怕的时候会想方设法保护自己，当自己因为工作的麻烦而焦虑的时候会通过改变心态来调节自己的情绪。如果面对生活中的各项事务都表现得无所谓，对什么事都麻木不仁，也就失去了行动的动机，这样的人无异于行尸走肉。

2. 消极方式

愤怒、焦虑、抑郁等情绪会给行动带来很多负面影响，有时候会让我们的观点和生活态度变得扭曲。我们应该关注诱发消极情绪的原因，因为它们会给我们带来不良的后果，比如，我们愤怒的时候会打架，这种激动的做法自然要让我们承担一定的责任。

3. 直接方式

自我反应是情绪影响行动的一种方式。有时候，自己的感觉会刺激大脑，让大脑迅速地处理特定的信息，如果处理信息的时候比较片面，就容易忽略很多事情，这就是情绪直接影响行动的地方，比如，人在受到惊吓时会赶紧跑开，在别人对自己不恭敬的时候会生气等。情绪对行动的直接影响往往会让我们激动，很容易让我们做出适得其反的行动。

4. 间接方式

当我们产生某种情绪的时候，很多人会有自动反应，只有少数人会按照自己的想法去采取行动。大多数情况下，我们的行动可以间接地受情绪影响，比如，我们在受到别人的言语侮辱时会有打别人的冲动。

在法国，曾经发生过这样一件事情：

在法国西南的一个小城镇，一名警察穿着便装来到一家烟酒超市门前，准备进去买包香烟。这时候，一个流浪汉走到他面前，向他讨烟吸。警察告诉流浪汉自己也没有烟了，正准备进去买烟。流浪汉很高兴，认为警察买烟后一定会给自己一支。

当警察拿着烟出来的时候，流浪汉又走上前去要烟。警察没有给他，两个人就发生了争执，双方互相谩骂、嘲讽，情绪慢慢变得激动起来。

警察实在不能忍受自己在大街上遭到一个流浪汉的辱骂，就掏出自己的警官证和手铐，对流浪汉说：“我是警察，如果你再这样无理取闹，我就给你点颜色看看。”

流浪汉看了一眼警官证和手铐，嘲笑道：“你是个警察就可以在这儿欺负我了？我看你敢不敢把我铐起来！”说着就把双手伸到警察面前。

警察并没有铐流浪汉，而是对着胸脯给了他一拳。于是，两个人扭打在一起。旁边的人见状，赶紧上前把他们分开，并劝他们不要因为一支香烟而大打出手。

被劝开后的流浪汉骂骂咧咧地走了，边走边喊：“真是一个浑蛋，有手铐就了不起啊，有本事把老子抓起来啊。”警察很愤怒，他拔出枪就冲了上去，朝流浪汉连开了三枪，流浪汉立即倒在血泊中……

法庭以“故意杀人罪”对那个警察做出判决，他面对的是30年的有期徒刑。

流浪汉死了，警察要服刑30年，起因只是一支小小的香烟，而情绪激动是导致这一事件的罪魁祸首。生活中，我们也经常遇到类似的情况，很多人因为一点小事就争吵、打斗，最后无法控制自己的情绪，把小事演变成流血事件。有时仅仅因为不小心踩了脚，或一句话说得不恰当，就引起冲突，甚至在乘坐公交车的时候因抢座位或者被挤了一下，都可能引发一场激烈的口水战。

人有七情六欲，当外界给自己不良刺激的时候，难免会生气、发火、愤怒、激动，这是人的一种自我保护的本能，也是一种正常的心理反应，但是，这种激动的情绪不能放纵，因为它会让我们丧失理智，让我们不计后果地行事。因此，当我们在做事的过程中遇到人际矛盾时，一定要学会克制自己，要忍耐别人的挑衅。如果在这个时候意气用事，就会产生严重的不良后果。

有一句俗话："忍一时风平浪静，退一步海阔天空"，因此，人们在情绪激动时一定不要轻易行动。

人在情绪激动的时候，认知范围会变窄，容易判断力下降、丧失理智，对解决问题是十分不利的。所以，我们应该学会控制自己的情绪，更应该学会控制自己的行为，不然就会产生严重后果。

第三章

凉水浴：让浮躁的心灵降降温

每个人都要学会驱走内心的喧嚣，让自己的心静下来，保持一颗宁静的心，这样才能让生活变得轻松、悠然。我们生活在这个喧嚣的社会中，内心世界会受到很多东西的影响而变得浮躁，但是无论遇到什么事情，都要让自己静下来，要让心灵像沉静的湖水，波澜不惊，隔绝喧嚣，拒绝浮躁。唯有如此，我们的人生才能更轻松，我们的生活才会更悠然。

给浮躁的内心洗洗澡

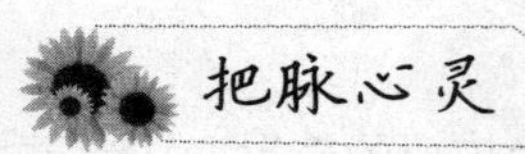

把脉心灵

假设如下情景在你的生活中是真实发生的，请根据你的个人情况选A或B。

1. 假日的清晨，你躺在床上，你脑海中经常浮现的是：

A. 要想方设法把本职工作做好

B. 总有一天自己会成为业界精英

2. 既然是难得的假日，起床后你会选择做什么？

A. 做些自己喜欢的事情

B. 百无聊赖，无所事事

3. 强迫自己认真想一想，这些年来你在业余时间到底喜欢做什么？

A. 比较单调

B. 很丰富

4. 这时候表妹因为一些闲事想找你聊天，突然响起的电话铃声扰乱了你的沉思：

A. 耐心地听表妹到底想说什么

B. 会生气

5. 原来表妹刚刚考过雅思，成绩很不错，如今能够很顺利地到一家外企工作，待遇比你从事的工作要优厚得多，你的内心会是：

A. 真诚地替表妹高兴

B. 莫名地烦躁不安，心神不宁

6. 挂了电话，接下来你会：

A. 继续考虑适合自己做的事

B. 赶紧到书店买两本雅思的书，自己也要学

7. 假日出行的人较多，等待车位的队伍已经排了很长，这时你会：

A. 打开车载音响听听音乐，耐心地排队

B. 不耐烦

8. 车总算停好了，你突然想到要给自己换一部手机，于是来到了手机柜台：

A. 因为很清楚自己想要哪种型号的手机，所以其他的你不会考虑

B. 刚选了一款中意的，可你忽然发现售货员介绍的另一款手机也不错，这让你举棋不定，难以选择

9. 你最终选择了一款手机，这是因为：

A. 它就是你喜欢的那款手机

B. 谈不上喜欢，但它是当下最时髦的手机，拿着它会很有面子

10. 正在你高兴时，两个同学竟然同时约你去吃饭，一个已经是私企的老板，另一个还是工厂的蓝领工人，你会：

A. 和谁去吃饭，主要是看彼此的时间允不允许，是否方便

B. 当然和已经是老板的同学去吃饭

测试结果：

每一道问题的A选项计0分，B选项计1分。如果10道问题的累计

得分为6分以上，那么很遗憾地告诉你，你确实是一个浮躁的人。

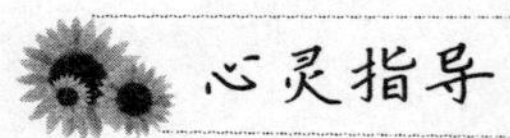

心灵指导

人一旦处于浮躁中，其工作和生活的效率都非常低，浮躁会给人造成严重的心理疲惫。

随着CPI（居民消费价格指数）上涨、房价暴涨、股市暴跌，在我们的心灵深处，总有一种力量使我们茫然不安，让我们无法宁静，这种力量叫浮躁。“浮躁”在字典里解释为：“急躁，不沉稳。”浮躁常常表现为：心浮气躁，心神不宁；自寻烦恼，喜怒无常；见异思迁，盲动冒险；患得患失，不安分守己；这山望着那山高，既要鱼也要熊掌；静不下心来，耐不住寂寞；稍不如意就轻易放弃，从来不肯为一件事倾尽全力。

随着经济发展如浪潮般步步攀高，这种浮躁的气息在社会中蔓延，几乎触及了参与其中的每一个人：某些官员领导急功近利，大搞不切实际的形象工程；演员不苦练基本功，借助绯闻来炒作自己；商人不一心一意经营自己的产业，却去炒股、炒房；学生不专心念书，妄想通过不相干的社会活动增加综合测评分数或通过考试作弊拿到高分；还有的人做事具有更强的目的性，交朋友具有更强的工具性，处世具有更强的功利性。很多人都想成功，却总是被成功拒之门外。

浮躁是人生的大敌，人一旦浮躁，就会终日心神不宁，焦躁不安。长此以往，就会丧失收放自如的生命弹性。培根曾在《凡事不可急于求成》一文中这样写道：

“二位智者说过：慢些，我们就会更快。没错，有人为了显示效率，凡事草草了事，结果得不偿失，使得一件本可一次完成的事情，要回头重复多次。所以，做事情不要急于求成。”

工作不能浮躁，创业不能浮躁，管理不能浮躁，人际交往不能浮躁，日常生活也不能浮躁。浮躁不仅是成功最大的障碍，还会影响人的心理，让人不得片刻安宁，被各种负面情绪困扰，疲惫不堪。我们应该让自己淡定一点，静下心来，远离浮躁。那么，我们到底应该怎样做才能远离浮躁呢？不妨试试下面这种方法。

冥想法缓解浮躁：

（1）仰卧在床上，手脚舒适地伸展放平，闭上眼睛，进行1分钟的缓慢深呼吸，幻想自己身处一个远离世俗的世外桃源。

（2）幻想前面是绿色的山头与辽阔的草原，清风徐徐吹来，令人有说不出来的舒畅感觉。进而放慢呼吸节奏，会感到像飘浮于半空之中，身轻如燕。

（3）幻想仰卧在一片水清沙白的海滩上，沙细而柔软，浑身暖洋洋的。耳边响起一阵阵美妙的涛声，愁烦全然忘记，只让蓝天碧海洗涤身心，闭上眼睛安然躺在大自然的怀抱中。

（4）如果觉得有一股怨气积聚在胸中，就在心里幻想那正是一切烦恼储存的仓库。然后深深地吸一口气，再长长地呼出，紧接着是几下呼气。不断重复这个动作，使假设的愁闷也随着呼出的空气而消散殆尽。

（5）幻想眼前正是日落西山的景象，在心中响起一阵悦耳的笛声，心思被带至遥远的地方，呼吸变得又长又慢，好像慢慢地往谷底下沉，从而进入梦乡。

洗去浮躁，才能保持平淡

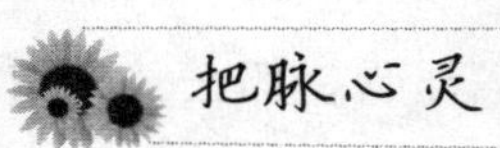

把脉心灵

回答下面的问题，给自己的心灵做一下测试。

1. 做事没有恒心，经常见异思迁。

2. 经常心神不宁和焦躁不安。

3. 总想投机取巧，成天无所事事，脾气大。

4. 经常头脑发热，有盲从心理，比如对于炒股票、期货和房地产等。

5. 好高骛远，不切实际，经常跳槽换工作。

6. 遇到事情好发急，不能控制感情。

7. 恋爱时经常见异思迁，把恋爱当成好玩的游戏，寻找异样的刺激，打发自己的空虚和无聊。

8. 求职中不能正确评价自己，往往想着大城市、大企业、大单位，向往高收入、高地位，结果处处碰壁。

9. 总是渴望和力求结识比自己优越的人，而对不如自己的人则爱理不理，希望从交往对象那里获得好处。

评析：

如果你对上述九个问题至少有六个问题回答是“是”，那么毫无疑问你有浮躁心理。

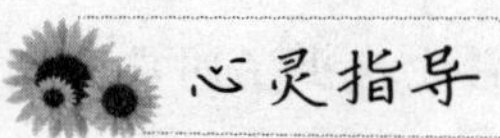

心灵指导

一个人如果有轻浮急躁的缺点，是什么事情也干不成的。

揠苗助长说的是宋国有个种田人，为了让自己田里的禾苗长得快一些，就下到田里把禾苗一棵一棵地往上拔。拔完回到家，他对家人说：“今天累坏了，我帮助田里的禾苗长高了。”他的儿子听后忙到田里去看，只见田里的禾苗全都枯萎了。

从古至今，中国人对“浮躁”都是排斥的，是极力反对的。《论语》中有言：“欲速则不达，见小利则大事不成”“小不忍，则乱大谋”“三思而后行”等，都是前人劝诫后人戒骄戒躁，学会隐忍和含蓄，学会谨慎、沉稳的明志之言。毛泽东曾经说过：“夺取全国胜利，只是万里长征走完的第一步，我们务必要继续保持艰苦奋斗的作风，务必要继续保持谦虚谨慎、戒骄戒躁的作风。”可见，中国五千年文化的一大特点就是沉稳、含蓄，淡泊以明志，宁静而致远。

小李是某研究所的文艺学研究员。搞研究是一个需要耐得住寂寞，坐得住板凳，静下心来的学术职业，快不得、躁不得、懒不得、错不得，要求肯定是相当高的。有一天，小李在书库里翻了大半天的资料，忽然烦躁起来，心想，这样做事效率真够低的，得多长时间才能出新的有价值的研究成果啊，何年何月才能出名啊！

小李开始怀疑自己的选择了，为什么自己当初要选择进研究所搞研究呢？三年已经过去了，那些下海经商的同学现在大多已经有了自己的房子，结婚生子，而自己现在还是住在单位里的单身宿舍里。

一想到这些，小李的心不自觉地浮躁起来，根本无法静下心来去阅读资料，直到进入该项研究的最后几天，它才找出了同类研究课题的一些研究成果，稍微改编了一下，算是完成工作。

但是他的论文发表之后，研究所很快就接到了投诉电话，说他的文章中出现了整段抄袭现象。小李知道自己犯了一个极大的错误，再也没有颜面留在研究所里了。

就是因为浮躁，小李最终不仅没有成名，反而落得个失业的结局，这种教训需要我们加以警惕，保持理智的头脑，一句话：要想做成事，没有一份平淡与从容是绝对不行的。

在早年的电视剧《士兵突击》中，许三多显然是一个“异类”，他不明白做人做事为什么要如此复杂，一切投机取巧、偷奸耍滑的世故做法，他都做不来，或者根本就没有想过。他有的只是本性的憨厚与刻入骨髓的执着。他做每一件小事都像抓住一根救命稻草一样，投入自己所有的能量和智慧，把事情做到最好，他这样做并不是为了得到旁人的赞赏与关注，只是因为这是有意义的。他面对困难从来不说“放弃”，而是默默地承受，慢慢地解决，毫无抱怨，绝不气馁。当一个又一个问题被他以执着的劲头解决之后，他俨然成长为一个巨人。他不会面对诱惑放弃忠诚，当老A部队的队长向他发出邀请时，许三多用一句“我是钢七连的第4956个兵”作出了态度明确的回答。

“许三多”已成为家喻户晓的人物形象，他被定格为一种沉稳、踏实的文化符号，成为“浮躁”的反义词。

如今，快节奏的生活容易使人心境失衡。如果浮躁冒进、急功近利，不能以宁静致远的心灵去生活、工作，那么就会心力交瘁，最终一事无成。“宁静以致远”，宁静是一种气质、一种修养、一种境界、一种充满内涵的悠远。只有平息浮躁，保持平淡与从容，才能安之若素，踏实沉稳。

简单才会悠然

你内心是不是常常有以下表现：

1. 心浮气躁，朝三暮四，浅尝辄止。

□是　　□否

2. 自寻烦恼，喜怒无常；焦虑不安，患得患失。

□是　　□否

3. 东一榔头西一棒槌，既要鱼也要熊掌。

□是　　□否

4. 耐不得寂寞。

□是　　□否

5. 生活中遇到问题，不知道如何解决。

□是　　　　□否

如果多数回答“是”，说明你浮躁心很重，你需要简化你的生活，来应对你复杂的内心。

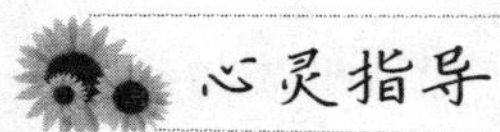

心灵指导

生活本来就很简单，但是很多人却觉得世事艰难复杂，其实不是世界复杂，真正的复杂源于一个人的内心。思想复杂的人，看待这个世界也是复杂的；而内心简单的人，会把世界也看得简单。

内心复杂的人，遇事容易浮躁，因而在生活中找不到真正的乐趣；而内心简单的人，淡定从容，把复杂的事情简单化，快乐也就伴随着他们。因此，要想获得内心的平静和快乐，平定内心浮躁的情绪，就得从现在开始做一个简单的人，永远保持一份纯真、淳朴。

“简单”，其实是做人的一种境界。

正如冰心所言：“如果你简单，那么这个世界也就简单。”其实，世界本来是简单的，它之所以会显得复杂，是我们的内心把它复杂化了。

佳欣刚刚来到大学的时候，还是一个快乐简单的孩子，对未来的美好生活充满了幻想。在她看来，未来能做一个简简单单的女人就足够了：有稳定的工作，有爱自己的老公，有一大群要好的朋友，爸妈身体健康，家庭和睦，即使收入一般，只要一家人快快乐乐地在一起，就是最幸福的生活了。

可随着年龄的增长，似乎一切都在悄然地发生变化。大学毕业时，佳欣遇到了第一个难题。她很希望大学毕业后，找一份稳定的工作，让自己尽快适应这个社会，可是周围的同学都纷纷准备考研，而爸妈的意思也是希望她能继续读研，这样将来的择业面会更宽，和别人说起来也会很有面子。这下可让本来快乐的佳欣有些犯难了，连续几天的考虑衡量之后，她最终硬着头皮背着考研教材走进了校图书馆。经过一番努力，佳欣考上了研究生，可是她并没有因此感到快乐，未来的路似乎变得越来越遥不可及，她开始感到不知所措和无所适从。

佳欣是一个很刻苦的孩子，读研之后她的成绩也一直很优秀。至少在她看来，既然选择了，无论是否喜欢，都要努力做到最好。她只是希望有一天走出校园，可以重新过上简单的生活，和其他女孩子一样去实现自己小小的梦想。可研究生快毕业时，摆在佳欣面前的却是更大的难题。

因为成绩优异，学校希望佳欣毕业后能够留校，暂时担任辅导员的工作，同时承担起部分专业基础方面的教学工作，三年后佳欣可以享受免试读博的待遇。佳欣的导师和国外相关专业的学者交流十分频繁，在一次学术交流会上，外国某大学的教授对佳欣印象很深刻，非常希望佳欣能够到国外继续深造，所以给佳欣寄来了邀请函。可按照佳欣父母的想法，如果考公务员的话，硕士学历较之本科毕业生来说不仅报考职位选择面更宽，成绩相当的情况下，也更有竞争力，所以他们希望佳欣考公务员。

正在佳欣左右为难的时候，佳欣接到了一个猎头公司的电话。

“您是佳欣小姐吗？某大型跨国公司正好要招聘一个部门总经理助理的职务，发展前景很好的，您是不是要考虑下？”

在那段日子里，佳欣经常失眠，她不知道问题出在哪里，不知道该怎么选择。似乎每一种选择看上去都那么有诱惑力，可是不管选择哪一种，似乎又都意味着佳欣不得不同时失去很多的机会。

她瞻前顾后，不知所措，那个曾经简单快乐的女孩子如今却愁眉不展。为了不让自己错过更好的机会，佳欣只能暂时一边私下准备申请留校的报告，一边整理要寄到国外的学术论文，另外还准备着国家公务员的考试，时不时地还要和猎头公司进行一番周旋。无招胜有招，是武学的最高境界，可如今对佳欣来说，漫无目的地通盘兼顾，实在让她苦不堪言。

佳欣经常一个人坐在寝室的床上默默落泪，身体的疲惫在她看来根本不算什么，让她痛苦的是，她不知道从什么时候开始生活变得如此复杂。虽然无论佳欣最后做出什么样的决定，她的未来都会光鲜亮丽，可这些却和她当初许下的心愿大相径庭。于是，她和年长自己的闺蜜诉说了自己的苦衷。

听了佳欣的苦恼，闺蜜却很轻松地对佳欣说："佳欣，其实生活并不复杂，只是你被太多本来不属于你自己的想法所左右了，所以只要你想做什么，勇敢地去做就可以了。当你的生活重新变得简单起来，那份快乐和惬意也会重新属于你。"

事实上，生活就是那么简单，做自己想做的，生活就会很快乐。而我们之所以不快乐，之所以那么浮躁以至于不知道该如何为自己的人生作抉择，只是因为有太多本来不属于你的欲望蒙蔽了你的双眼，有太多随波逐流的冲动让你举步维艰，有太多世俗功利的诱惑把你的生活变得越来越复杂。我们为那些不必要的事物所累，忽略和委屈了内心真实的感受，生活也变成了一团乱麻。所以简单的生活不见了，取而代之的是生活里的一团糟；简单的自己不见了，取而代之的是举棋不定、患得患失；简单的惬意也不见了，生活里只剩下如哥德巴赫猜想般的无解难题和纠缠不清的窘境。

生活真的一点儿也不复杂，简单惬意的生活就是疲惫时爸妈给我们做的一顿丰盛的晚餐，就是郁闷时朋友一句真挚的问候，就是忙碌之后静下心听一听喜欢的音乐，读一读喜欢的书，就是在各种诱惑面前能够坚定不移地去做自己想做的事。

不要被别人的想法左右了自己，简单地去过自己的生活，才会自得其乐。

学会用希望抵御浮躁

把脉心灵

你究竟渴望得到什么？回答下面的问题，然后写在下面的横线上。

长期以来，做什么会让我感到高兴？

____

什么能够为我内心带来喜悦？

____

长期以来，什么东西会让我感到生气？

____

什么会让我感到无趣?

____

你真的清楚自己到底想要什么吗?

____

通过上面的调查，可以根据自己所列的答案，能够清楚地知道自己内心渴望的是什么。

心灵指导

这世上的一切都是依靠希望而完成的，无论我们面对什么困境，遭遇怎样的失败，都不意味着世界末日已经来临。世界上没有真正的绝境，无论遇到什么事情，都要让自己保持镇定，把心安放于希望之中。

有希望的人生，就不会受绝望的困扰。当绝望来袭的时候，也能淡然面对。

有位医生在医学界享有盛誉，他的事业蒸蒸日上。但不幸的是，某一天，他被诊断患有癌症，这对他不啻是当头一棒。

一天，夕阳西下的时候，他一个人坐在公园的长凳子上，看着即将落下去的夕阳，十分不安，感觉自己的生命也如同夕阳一般，即将走到尽头，但是自己还有很多事情没有做。他的内心激烈地挣扎着，一个声音说："认命吧！"另一个声音在说："为什么命运要对我这样残忍？"他无法控制内心的情绪，忍不住握紧拳头狠狠地朝凳子上砸去。

这时，一位老人推着轮椅过来，问他为什么看上去很焦躁不安，他向老人诉说了自己的遭遇。老人微笑着说：“你相信吗？几年前，我就被诊断患了癌症，并且已经是晚期了。现在几年过去了，我还能在这里看夕阳。”

医生惊讶地说：“你是怎么做到的呢？”

老人说：“当时，知道这个消息的时候，我也很绝望，不知所措。内心很不安，想到自己的生命即将结束，我也很痛苦，不知道该怎么办。后来，家人温暖的陪伴，还有每天的日出，给了我生存的希望。有了希望，我可以坦然地面对每一天，内心轻松了，人也就精神了，一晃几年就过去了。”

医生听了老人的话，他很受启发。他想到自己还有可爱的儿子，还有温柔的妻子，有他们的陪伴，生活就有希望。这样一想，心也静下来了，不再绝望了。

老人把心安放于希望之中，用希望和病魔做抗争，为自己赢得了更多的生存时间。医生看不到生命的希望，所以他的内心焦躁不安，矛盾挣扎，这些浮躁的情绪一直围绕着他，从而使他更加绝望。通过老人的故事，他受到了很大的启发，他为自己找到了生存的希望，把自己的心安放于希望之中，获得了内心的平静。

人活在世界上，难免会遭遇绝境。遭遇绝境，很多人以为没希望了，就产生了失落、悲伤、烦躁、绝望这些浮躁的情绪。然而另一些人，面对绝境，仍然会给自己一个希望，把心安放在希望之中，从而保持内心的平静，淡然地看待困境，这样一来反而能很快走出绝境。

从前，有一老一小、相依为命的盲人父子，他们每日靠弹琴卖艺维持生计。

一天，父亲终于支撑不住病倒了。他知道儿子未经世事，遇事容易急躁、悲观，如果一直被这些浮躁的情绪困扰的话，会不幸福、不成功。自知不久于人世的他决定给儿子一点希望。

于是他把儿子叫到床头，紧紧拉着儿子的手吃力地说："孩子，我这里有个秘方，它可以使你重见光明。我已经把它藏在琴里面了，不过你一定要记住，必须弹断第20000根琴弦后才能把它取出来，否则，你是不会看见光明的。"

儿子流着眼泪答应了父亲，不久之后，这位父亲便含笑离去。父亲去世后，儿子很难过，但是父亲给他的秘方成为他的希望。有了这个希望在心中，他把悲伤和难过放到一边，静下心来，不停地弹啊弹，他弹断的琴弦日益增多。当他弹断第20000根琴弦的时候，当年那个弱不禁风的少年已经到了垂暮之年，变成了一位享有盛誉的演奏家。他按捺不住内心的喜悦，用颤抖的双手，慢慢地把琴盒打开，取出秘方，叫别人念给他听。

可是，人家却告诉他，那只不过是一张白纸而已，上面什么都没有。但是，他却笑了。

父亲的无字秘方就是希望，正是希望支撑着他走出了困境，走过了数十年的时光。有了希望在心中，无论在什么时候，他都能让自己的心安定下来，把沮丧、绝望、烦躁这些让人浮躁的情绪抛开，专心弹琴，最终战胜了困境。

面对急剧变化的社会，在遇到一些困境的时候，人们常常抱怨生活没有希望，世界一片黑暗，因而不知道该怎么办，心里恐慌，对未来没有一点信心。其实不是世界让人绝望，真正的绝望来自一个人的内心。处境再艰难，只要不丧失信心，不心生浮躁，守住内心的希望，就一定会有拨开云雾之时。把心安放在希望之中，才能在逆境中保有淡定宁静，轻松行走于人生的旅途中。

别让逃避来困惑你

把脉心灵

“逃避”并不是一个褒义词，逃避象征着软弱。有时候你自己也不知道你想逃避的是什么，测试会把答案告诉你。

有个68岁的大富豪在家中被杀了。你现在是一名刑警。经过种种的搜证，你得知这富翁既小气，又好色，在他的家族中有许多人都恨着他。这其中有五个人嫌疑最大。

你分别和每个人都做了以下的口供，凭你的直觉来判断，你觉得谁是最可疑的人？

A. 富翁的老婆——→62岁的王某

供词：我是他的老婆，我一直都很爱他，怎么可能会杀了他？

B. 富翁的养子——→48岁的梅某

供词：绝对不是我！虽然我因为欠下巨款而烦恼着，但绝对不是我！

C. 富翁的私生女兼佣人——→24岁的李某

供词：没错，我的妈妈是恨着我父亲去世的，但是犯人绝对不是我。

D. 富翁的小儿子——→30岁的曾某

供词：我的父亲就如众所皆知的，是一个很恶劣的人，所以这种人会被杀是没有办法的事情。不过，你怀疑我有犯案的可能是说不通的，因为那个时间我正好在外地，我有不在场证明，连证人都有。

E. 一名被软禁在曾家牢房里的男子

供词：这个家的人最好全部死光光！哈哈哈……

心灵分析：

选A：想逃避纠缠不清的关系！夫妻关系也正代表着人际关系。会想把人际关系切断，正暗示出你现在正为纠缠不清的人际关系感到厌烦，或者也代表你对目前正在交往的恋人开始感到反感。

选B：想逃避生活中的约束！养父子的组合其实就是代表着“义务”和“约束”的象征。这代表现在的你对于工作和学业是一种“不做不行、非常勉强”的态度。所以你很想逃，很想放开一切。

选C：想逃离过度的关爱！一般会需要佣人的家庭，大都是因为有了孩子。从这个角度去推测，正好暗示了你对爱情的饥渴。在你的心中非常地渴望着爱情，不过同时也正为了双亲加在身上的过度亲情而感到很大的负担。

选D：想逃离世人的眼光！这个人是死者的正式财产继承者，他却说出了实话。这个答案也同时暗示出世间的道理和伦理感。你现在正被所谓的社会常识和道德所压迫着，并感到非常痛苦。

选E：想逃离不理想的情绪！会选这个答案的你，代表着在你看似普通、平静的心中，其实正潜伏着非常偏激的情绪。这在心理学上是称之为“情动”。你现在很想从非理性的情感中逃脱出来，除此之外，你很想成为一个更有理性、冷静沉着的人。

心灵指导

很多人在遇到一些不想遇到的事情时，往往不敢面对，喜欢逃避，这是弱者的表现，是内心浮躁的体现。逃避不仅不能解决问题，而且有时候还会让问题更糟糕。这样一来，我们要承受的东西会更多，越是逃避往往活得越累，宁静悠然的生活由此变成一种奢谈。想要还生活一份宁静，想要悠然地生活，在困难面前，就不要逃避退缩，而要勇敢面对。面对才能彻底解决问题，摆脱困扰，远离浮躁。

在人生的旅途中，我们很难一帆风顺，要经历很多磨难，才可能看见幸福的曙光。如果遇到一点困难，就开始逃避，虽然可以得到一时的轻松，但是之后会怎样呢？那些你想要逃避的问题，会因为你的逃避而消失了吗？答案是否定的，俗话说：“躲得过初一，躲不过十五”，总有你必须面对的时候。况且在逃避的过程中，你会担惊受怕、焦虑难安。想要彻底解决问题，想要获得幸福悠然的生活，就要勇敢地面对一切，不逃避，以勇敢淡定的心铺就一条精彩的人生路。

李明在一家广告公司担任营销部主管。他结婚近二十年了，有两个孩子，一家人过着简单快乐的生活。但是这种快乐的生活在最近好像走到了尽头。

近年来，广告行业竞争越来越激烈，李明已经感觉到了很大的压力。最近，公司的高层有了大变动，新上任的总裁大力调整了公司的内部结构，人事方面也发生了很大变动。李明的主管职位被撤销了，工资也跟着减少了很多。面对突如其来的变动，李明很难承受，他常常愁眉不展，他甚至还形容自己是“半个废人”，根本无法静下来好好工作，他感觉自己在城市里已经无法生活下去了。

他曾经和家人去乡下旅游，当时自己非常喜欢那种与世无争的乡村生活。被撤职后，他更加怀念那世外桃源般的生活。终于有一天，他辞去了自己的工作，带着家人住到了乡下，准备在乡间过一种自给自足的生活，安然地过完自己的后半生，远离那让人伤心烦恼的地方，逃避那令人烦心的事情。

刚到乡村那段时间，他过得很洒脱。但是，好景不长，不久之后，他发现自己的选择是错误的。这里到了冬天非常荒凉，有一种到了西伯利亚的感觉，让人看不到一点希望。环境的变化让他适应不了，经常生病。不仅如此，家人也不能适应这里的生活，妻子无法和村民们打成一片，她非常孤独。孩子上学要转几趟车，很不安全。妻子、孩子都抱怨他，想回到城里生活。他开始后悔，在城市里工作虽然很辛苦，但是躲到乡下也轻松不到哪里去，还增加了新的烦恼。

一年之后，他感觉身心俱疲，最终和家人重新搬回了城里。

李明的生活没有因为逃避而轻松、快乐，反而更加沉重、疲惫。他追求悠然宁静的生活，却在不知不觉中与这种生活背道而驰，这是他始料未及的。

在现实生活中，每年都有很多人因为生活或者工作上的挫折和失败，选择了逃避。在一个环境中觉得不轻松，就想换一个环境，他们甚至在内心深处期待一个“世外桃源”。然而现实是，“世外桃源”只存在于人们的幻想之中，在现实生活中并不存在。李明的经历不正好说明了这一点吗?

当挫折降临的时候，真正的智者不会慌乱，也不逃避，更不浮躁，会淡定从容地去面对。

同样在职场上失利的万风和李明有截然不同的选择。

万风在一家保险公司上班，他在这里工作已经十年了。最近公司大变革，同事们有的被降职，有的被裁员了。他想：“毕竟我是公司的老员工，况且业绩也一直不错，无论怎样，降职裁员都不会轮到我头上。”但是，事与愿违，他成为最后一个被降职的员工。

被降职后，他把一切痛苦都沉淀下来，坦然地接受了这个现实。他安静地做好自己的事情，并且总结失败的教训，全心全意地投入到工作中。正是这份淡定和从容，让万风得到了上司的尊重和青睐，不久之后，他重新被重用。

面对失败和挫折，逃避不能解决任何问题，唯有淡定从容地面对才是解决问题的最好方式。

在我们的生活中，谁都有面对困境的时候，谁都可能会遇到挫折。此时，记得给自己一份淡定，不要失望悲伤，更不要逃避问题。要知道逃避是无济于事的，唯有让自己静下来，远离浮躁、逃避之心，好好分析失败的原因，找到解决问题的方法，才是智者的选择。

给急切的心冲冲凉

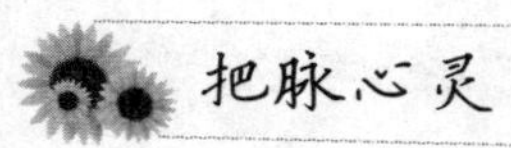

把脉心灵

一个心急的人，一般具有如下行为特点，看看你占了几条。

1. 与人交谈，急于表达自己的观点，不大能够耐心地让别人把话讲完；

2. 认为要做某件事时，非得立即动手不可，很少周全考虑，也不管主观条件是否具备；

3. 总感到有很多事要去做，常常手忙脚乱；

4. 对看不惯的事或不称心的事，习惯直露心事，而不大考虑后果；

5. 在不得不排队或等待时，就会心急火燎，牢骚不断；

6. 玩任何游戏非要赢不可，即使与孩子玩耍时往往也是如此；

7. 看到别人干他自己认为可以干得更快更好的工作时，就变得急不可耐。

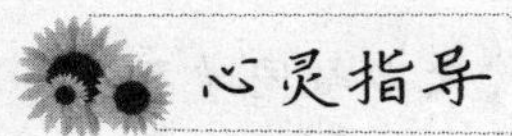

心灵指导

急于求成是许多人身上常见的败因，它是造成人们做事目的与结果不一致的一个重要原因。《论语·子路》中有一句话："欲速则不达。"意思是说一味主观地求急图快，违背了客观规律，造成的后果只能是失败。一个人只有摆脱了速成心理，一步步地努力，才能达到自己的目的。

急于求成只会导致最终的失败，所以做人做事都应放远眼光，注重自身知识的积累，厚积薄发，自然会水到渠成，实现自己的目标。今时今日要想有所成就，就必须经历一个痛苦挣扎、奋斗的过程，而这个过程本身就是将你锻炼得更强大。

急于求成，一日千里，只会"欲速则不达"，很多人知道这个道理，却总是背道而驰。很多历史上的名人是在犯过此类错误之后才懂得成功的真谛。宋朝的朱夫子是个绝顶聪明之人，他十五六岁就开始研究禅学，然而到了中年才感觉到速成不是创作良方，之后下了一番苦功，方有所成。他有一句十六字箴言将"欲速则不达"做了一番精彩的诠释："宁详毋略，宁近毋远，宁下毋高，宁拙毋巧。"

急于求成的人往往性格浮躁，做一件事情总想马上做好。追求效率原本没错。然而，一旦过分追求速度便会丧失做事的目的性，最终一无所成。

王林的父母都是农民出身，家庭经济条件也很一般，但是王林从小就很好强，上中学时就开始利用课余时间出去打工挣些零用钱。后来，他凭着自己的努力考上了一所大城市的重点大学，这可把家里人乐坏了。上了大学之后，王林并没有像大多数同学那样每天无所事事，或是把大把时间浪费在网络游戏上，他每天除了去图书馆学习，就是想着做点儿事情帮家里减轻一下经济负担。

当时大学食堂里的饭菜品种单一，味道也不尽如人意，这让很多同学叫苦不迭。而且食堂的饭菜大都提前做好了，如果有的同学因故误了吃饭时间，就只能在食堂吃些凉的饭菜或是回宿舍泡方便面。凭着敏锐的洞察力和丰富的社会经验，王林觉得这是个难得的商机。

于是，他向亲朋好友借了点儿钱，在学校后勤老师的帮助下，租了食堂里的一辆小推车，卖起了过桥米线。因为王林以前在米线店打过工，对进货渠道和制作工艺都有一定了解，而且他又融合了妈妈在家做汤面时的绝活儿，所以他卖的米线相对于食堂其他品种的饭菜来说，既独到又好吃。同学们即使晚些时候到食堂，照样能吃到热乎乎的米线。一时间，王林的生意十分红火。几年下来，王林不仅挣够了学费和生活费，自己还有了一些积蓄。

大学毕业后，王林到了一家金融企业工作。他招聘了一些在校学生继续帮他打理米线生意，后来学校食堂还分给王林一个专门经营米线的柜台和一个小操作间，在售卖米线的窗口王林挂起了自己的招牌。眼看着小店越来越有规模，王林颇有成就感。

可是他渐渐发现，相对于身边的很多同事，他的积蓄还是显得那么微不足道。而且要想凭着自己微薄的薪水和一份米线顶多一元钱的微利，要在大城市买大房子，早些让爸妈来享清福，仍是太过遥远的事情。

这让王林的心态越来越急躁，一种“自己还是什么都没有”的挫败感每天都在折磨着他。他对米线店的现状也越来越没有耐心，于是决定扩大米线店的经营规模。他利用休息时间，找到了其他几所高校的食堂负责人，同三所高校的食堂达成了进驻协议，不过租金却高得难以想象。

王林急于扩大经营规模，没犹豫太多就拿出了自己所有的积蓄，还向家里借了一部分钱。可是新店的经营状况却十分不理想，一方面由于租金和各种经营费用的提高，米线的定价不得不比以前有大幅度提高，这让很多本来就没什么经济来源的大学生望而却步；另一方面，随着高校餐饮条件的逐步完善，酸辣粉、土豆粉、云吞面、凉皮凉面、麻辣烧烤等琳琅满目的饭菜品种在食堂售饭的柜台里也都有了一席之地。资金的限制让王林不能马上引进新的项目，只能继续选择经营米线这种相对单一的模式，这对那些喜欢新鲜事物的学生来说，越来越没有吸引力了。

而更沉重的打击是，按照几家新店所签的协议，租金缴纳日期均在七八月份。由于夏季炎热的天气和学生们要回家过暑假，食堂的米线生意处在淡季，所以王林根本不可能拿出这样一大笔钱来缴纳租金，这无异于雪上加霜。当几家新店成本还没有回收就不得不面临关张的风险时，王林才第一次知道“经营现金流”的重要性。

那段日子里，王林跟单位请了假，到处去借钱，多则几万元，少则几百元，总之他向身边的人都借了个遍，还不时遭到别人的冷眼。因为四处奔波，他夜不能寐，把自己搞得狼狈不堪，几年下来，他不仅没有向自己的愿望靠近半步，反而越来越远。

现如今，王林已经关掉了所有的新店，专心经营着母校的老店，还利用业余时间恶补企业经营管理方面的知识。经历了这些他才明白，有些路只能一步一步地走，急躁注定导致失败。

《三国志》里说：“墉基不可仓卒而成，威名不可一朝而立。”我们都知道“一口吃不成个胖子”的道理，我们都渴望收获尊重和荣誉，渴望早些体验成功带来的满足感。但如果因为这种渴望过于急迫，以至于让我们不再有稳定踏实的心态，对平时的积累变得没有耐心，甚至对自身是否已经具备成功的必要条件也缺乏清醒的认识，那么在这种心态下所做的任何事，其实都是和自己的目标背道而驰的。

对于类似王林这样刚刚走入社会或事业刚刚起步的人来说，由于缺乏足够的社会经验和必备的综合素质，往往很容易被别人成功的表象冲昏头脑。盲目的急躁会让一个人乱了分寸，只有保持冷静和清醒的心态，才能对自己的不足和弱点进行客观的思考与冷静的分析，才能一步一个脚印地认真做好每一件事。滴水穿石，岂是一日之功？

曾经自以为看到的世界很大，而如今才发现自己真正了解的世界其实很小；曾经自以为拥有的很多，而如今才发现自己其实什么都没有。越是有这种心态的时候，越应该告诫自己：“不要急躁，脚踏实地、厚积薄发才是走向成功的唯一捷径！”

遇事不可慌手慌脚

把脉心灵

每个人都有等人的经历，从等人的过程中，我们就可以看出来一个人是不是急性子。那么，当你在等人时一般是什么表现呢？

A. 一直在不停地来回走动，并不停地搓着双手

B. 一直在看手上的表，立在原地不动

C. 把两只手臂搭在自己的胸前，不耐烦的样子

D. 总是向远处观望，手插入口袋中

心灵分析：

A. 你是一个标准的急性子！你做事情时总是十分慌忙，虽然你看上去总是精力充沛，可是往往会因为急躁而出现问题，因此你身边的同学都对你有一种不太放心的感觉。比如说在和朋友交往的过程中，你常常会因为心直口快而伤害到朋友的感情，可能这时候你还没有察觉到，所以你总是建立不了长远的友谊。

B. 你是一个非常有耐心的人！在学习的时候非常认真，对朋友也是非常上心，所以说你的人际关系还是非常不错的。

C. 你很懂坚持，同时也非常注重运用策略的实施，做事情常常

可以达到自己的目的。

D. 你好像缺少点原则。你不是一个急性子的人，而且非常有耐心，你对家人和朋友既温柔又体贴。可是有时候你又太容易宽容了，原则性不强，不能够很好地坚持自己的意见，这时候你就显得有点太过懦弱了。也正因为如此，身边的人总是会欺负你。

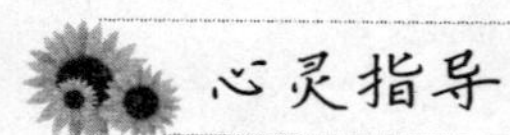

心灵指导

张扬和同宿舍的五位同学大学毕业后一起创业，经营了一家以特色早餐为主的快餐店。因为大学生比较容易接受新鲜事物，善于创新求变，而且几个年轻人又都吃苦耐劳、任劳任怨，经过了几年的时间，他们的快餐店已经初具规模。

这家快餐店的鱼肉汉堡最具特色，因为其中一位同学的家人在日本经营鱼肉主题餐厅，给了他们很多有价值的指导，所以他们的鱼肉汉堡在当地的青少年群体中很受欢迎。有些订单还主动找上门，由他们每天为几所中小学配送营养早餐。

也许是一切太过顺利，让他们在经营中放松了警惕。有一次，他们得到这样一条客户的反馈，说学生吃了他们的汉堡，都不同程度地出现了腹泻的情况。学校的负责人和很多学生家长已经把这个问题反映到工商与食品质量监管部门。据说，相关政府部门对这个情况相当重视。

消息传来，几个同学都紧张坏了，在办公室里乱成一团。

“食品质量问题可不是小事，弄不好我们就得关门了。”其中一个同学担心地说。

“会不会是汉堡制作过程中出现了什么问题？”一个同学焦急

地问。

“怎么可能！”负责烹制鱼肉饼的同学听了这样的质疑激动地吼出声来，“汉堡制作的方法和程序从开始到现在就没有改变过，而且一直是我亲手在抓，怎么会出问题，怎么会！”

“那就是原料的问题，是不是鱼肉的质量不过关？”

负责采购的同学撇了撇嘴，有些无奈地说：“以前供货商的鱼肉质量，我是可以保证的，但现在的供货商，我就不敢说一定没问题了。”

“为什么？”大家不解地问。

“管财务的同学缩减了我的采购开支，我只能向市场上价格更优惠的供货商进货，真是鱼肉质量的问题也不能怪我。”

负责财务的同学听了这话差点儿跳了起来，“压缩开支又不是让你更换供货商，只是希望你能在以前的基础上适当压低鱼肉的进价。再说，削减开支准备开分店是你们做的决定，你们事先没计划好，与我何干？”

办公室里充斥着各种叹息、埋怨和互相推诿的吵闹声，几个人争得面红耳赤，唯有张扬一直静坐在那里一言未发。

“好了，你们吵够了吧，听我说两句。”张扬终于开口，“现在问题的关键不是我们互相指责或是自乱阵脚，而是要找出解决问题的途径，不至于让我们辛辛苦苦经营的快餐店关门大吉。”

张扬的话，让几个人都沉默了下来。

“我有几条建议，”张扬继续说，“首先，我们要确定问题出现的原因，立刻拿问题鱼肉的样本去化验；其次，主动联系几所学校和学生的家长，承诺学生的医药费和其他费用我们一定承担，并给予适当的赔偿；第三，化验结果出来后，第一时间整理成书面报告，主动向有关政府部门详细汇报情况；第四，我们开分店的计划暂缓，现在可以考虑拿出一部分资金，投资建一个专属的渔场，以后要为我们的客户提供绿色健康、营养丰富的鱼肉；第五，联系一下媒体，把我们对事情的调查结果、道歉信、补救措施和对未来经营做出的承诺都发给他们，希望他们能从积极的方面帮我们做一些宣传。总之，我相信，只要我们积极主动地去面对问题、解决问题，大家会原谅我们的。”

听了张扬的话，几个人不住地点头，之后就按照张扬的建议各自去忙了起来，刚刚还异常慌乱的神情在他们的脸上消失了，后来，正如张扬所预料的那样，除了经济上受到一定损失之外，快餐店的声誉并没有受到影响，而且因为投资渔场，一体化的经营模式给快餐厅未来的发展壮大提供了更加广阔的空间。谁想到这样一个意外，反倒让快餐厅的经营越发健康和规范了。应该说，是张扬的沉着，给了快餐店“第二次生命”。

无论是一个人还是一个集体，在遇到困难挫折尤其是突发的意外事件时，如果手忙脚乱，只会让事情变得更糟。只有冷静思考并沉着应对，才能化险为夷，绝处逢生。毛主席在《水调歌头·游泳》中曾经这样写道：“不管风吹浪打，胜似闲庭信步。”意思就是，在人生的成败与得失面前，总能泰然自若，好似在自家的门前悠然惬意地散步。这是何等豪迈的胸怀啊！

在红军长征途中，在毛主席沉着冷静、机动灵活的指挥下，红军四次渡过赤水河，不仅摆脱了敌人的围追堵截，粉碎了敌人妄图围歼红军于川、黔、滇边境的计划，更让红军在最危难的关头由被动走向主动。这就是世界战争史上著名的战役之一——四渡赤水。

毛主席在西柏坡时，敌人的飞机三天两头来轰炸，在其他人神情慌乱和四处逃离时，毛主席却总是不顾警卫员的劝告，依旧泰然自若地坐在书桌前悠闲地看书，视敌人的炮弹如无物。正是靠着这种“胜似闲庭信步”的沉着与镇定，他指挥人民解放军打赢了关键的三大战役，解放了全中国。

在危难面前能否保持冷静的头脑，是决定成败的关键。就像乒坛名将邓亚萍说的那样，“其实大家在技术上的差别并不大，我能取胜靠的是冷静，即使输球也不会慌乱，而是更加沉着。”如此看来，沉着能决定胜负，更能创造奇迹；沉着能树立信心，更能产生智慧；沉着能带来勇气，更能激发力量。

当和其他人一起身处险境的时候，我们很容易受到消极和负面情绪的影响，从而丧失理智，萎靡不振，甚至悲观绝望、迷失方向。所以，越是在别人慌手慌脚和惊慌失措的时候，就越不能随波逐流，自乱阵脚；越是在别人相互埋怨和乱发牢骚的时候，就越不能莽撞冲动，感情用事；越是在别人手足无措甚至听天由命的时候，就越应该保持清醒，冷静思考，周密谋划，沉着应战。

也许，你的沉着，是帮助其他人一起走出困境的唯一希望！

第二篇

心灵桑拿：
给纠结的心境蒸个桑拿

第四章

给纠结的心灵配个“桑拿房”

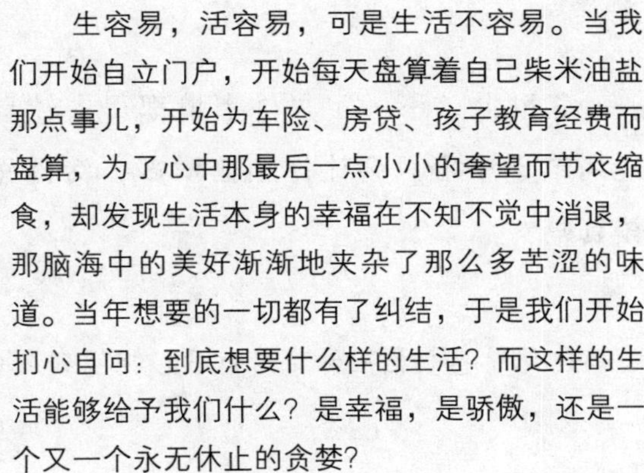

生容易，活容易，可是生活不容易。当我们开始自立门户，开始每天盘算着自己柴米油盐那点事儿，开始为车险、房贷、孩子教育经费而盘算，为了心中那最后一点小小的奢望而节衣缩食，却发现生活本身的幸福在不知不觉中消退，那脑海中的美好渐渐地夹杂了那么多苦涩的味道。当年想要的一切都有了纠结，于是我们开始扪心自问：到底想要什么样的生活？而这样的生活能够给予我们什么？是幸福，是骄傲，还是一个又一个永无休止的贪婪？

放下较真，才能沐浴阳光

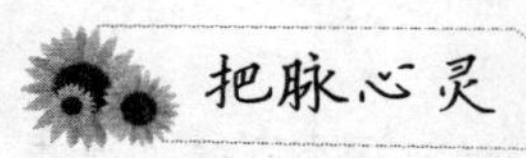

这世上，不一定每件事情都得去较真。所谓难得糊涂，太过纠结于小事只会让你烦恼增多，活得无比煎熬。那么，你爱较真吗？

1. 你总喜欢把一件事情打破砂锅问到底吗？

□是　　　□否

2. 你是个认死理的人吗？

□是　　　□否

3. 你总喜欢把事情分出对和错吗？

□是　　　□否

4. 你总是和别人抬杠吗？

□是　　　□否

对于上面的问题，如果你回答"是"，那说明你在生活中是个爱较真的人。

心灵指导

人非圣贤，孰能无过。与人相处应互相谅解，保持“难得糊涂”的心态。求大同存小异，有肚量、能容人，就会有许多朋友，从而左右逢源，诸事遂愿；相反，“明察秋毫”，眼里不揉沙子，过分挑剔，什么鸡毛蒜皮的小事都要论个是非曲直，容不得人，只能成为使人避之唯恐不及的人。

古语云：“水至清则无鱼，人至察则无徒。”就是告诉人们，凡事不能太较真。

的确，为人处世不能太较真，较真的人才会过得抑郁烦闷，不较真的人才会过得潇洒快活。

有位中年妇女总是抱怨小区附近超市的售货员服务态度不好，每次看到她都没有好脸色，摆出一副爱买不买、爱要不要、爱理不理的样子，像谁欠了她什么似的。

每次一想到这些不快，这位中年妇女就十分气恼，要不是这家超市离家又近又方便，她早就上别处去买了。

后来跟小区里住得时间较长的邻居一打听，才大概知道了这个售货员的情况。原来她以前也在小区住过，只是她的遭遇和小区的那些业主就很不同了：半年前，丈夫有外遇离了婚，老母亲瘫痪在床，上中学的女儿经常患病，她每月只能领不到2000元的工资，租住在一间12平方米的房子里。

了解到这些情况，中年妇女才有所释然。难怪这位售货员一天到晚愁眉不展。这位妇女从此再不计较她的态度了，甚至还经常找机会和她聊天，想帮她一把，为她做些力所能及的事。

做人不能太较真，不仅在生活中不能较真，在工作中也不能较真。一个人要想有一番成就，就要能容他人所不能容，忍他人所不能忍。同时，必须善于求同存异，团结周围大多数人。要胸怀豁达而不拘小节，大处着眼而不要目光短浅、斤斤计较、纠缠于非原则性的琐事。

不过，要真能做到这一点，也并不容易——这要求人们不但要有良好的修养，而且需要有善解人意的思维方式，懂得换位思考，站在对方的立场考虑和处理问题。多一些体谅和理解，就会多一些宽容，多一些和谐，多一些友谊。具体来说，在日常生活的下列几种情形下，不必太较真。

1. 在家里不必太较真

家庭成员之间哪有什么大是大非的问题，一家人非要分出“对”和“错”来，又有什么意义呢？人们在社会上充当各种各样的角色，但一回到家里，脱离了社会对这一角色的种种要求、束缚，还原了自己的“本来面目”，使自己尽享天伦之乐。假如在家里还跟在社会上一样认真、一样循规蹈矩，每说一句话、做一件事还要考虑对错，顾忌重重，反复掂量，那也太累了。

2. 在单位不必太较真

在单位中，与同事不必太较真。无论是因为何事，较真都会伤害彼此之间的感情，而且对工作毫无裨益，甚至会因为较真而使工作延误，造成难以挽回的后果。

3. 与陌生人不必太较真

受到素不相识的人冒犯肯定是有原因的——或许是不知哪一

种烦心事使其情绪恶劣，行为失控。只要不是过分的冒犯，大家还是应宽大为怀，不以为意，或以柔克刚，晓之以理。总之，不能与这位无冤无仇的人瞪着眼睛较劲。要是较起真来，互相都不留情面，大动肝火，甚至刀兵相见，落得个两败俱伤，那就得不偿失了。

此外，凡事不要太较真，并不是鼓励不认真的态度，而是强调做人做事不要太死板，不要过于拘泥，而要灵活变通。只有这样，才会体会到生活的美好、人生的畅达。

会理财，生活才不会太纠结

岁末大扫除，你会先丢掉下列哪一样物品？

A. 旧衣服

B. 体积过大的老电器

C. 零零碎碎的小东西

D. 过期的旧书杂志

答案：

选择A：你赚钱的能力很强，可惜的是你花钱的能力更强，所以尽管收入很高，你仍然觉得钱不够花！跟你一样收入的人都可以

“起大厝”了，你却还是常常口袋空空。

选择B：你的理财观念是冲动派的，虽然买起东西来不至于浪费，但是却常常买了一些用不着的装饰品、衣服等，而你又不善于另开财源，看来你需要一个善于管账的人帮助你。

选择C：你买东西至少考虑三次以上，但是在朋友面前又装作很海派的样子，所以一般人都觉得你的经济情况蛮宽裕的而不知你其实是个开源和节流都并重的理财大师。

选择D：你对理财颇有想法哦，从不乱花钱，你购买的东西一定是“便宜又大碗”。美中不足的是，你只在节流方面努力，很少思考开源的方法。

心灵指导

终于毕业了，开始赚钱了，不用再向父母伸手要钱了。初次体验“自己赚钱自己花，想买什么买什么”的感觉竟然如此美妙，一张张钞票如流水般一去不回，还没到发工资就捉襟见肘了。就这样，我们变成了“月光族”“刷卡族”。每次拮据的时候，都下定决心要存钱，却总是一次次打破誓言。于是，我们感叹，花钱真的很容易，为什么赚钱就那么难呢？

詹小雨生活在小县城，在一家事业单位工作，工资不算高，月收入约2500元，年末一般会有几千元的年终奖。她和丈夫月收入共5000元左右，在小县城里也能生活得有滋有味，这还得益于詹小雨的理财能力。她和丈夫住在公婆留给他们的房子里，不需供房，因此，她给家里制订了每月3000元消费额度的理财计划：2000元用于日常生活开支，500元用于8岁女儿校内伙食及兴趣班，500元用于一些应急开支，等等。余下2000元存入银行。如果某个月出现超支情况，那么下个月一定要节省回来，保持每月平衡。詹小雨还有一个很好的习惯，就是把每一笔开销都记在专门准备的笔记本上，详细到一把1元多的青菜钱。

詹小雨之所以这样做，是因为她婚前总是花钱如流水，觉得赚钱太少不够花，结婚后压力陡增，便制订了理财计划。这样下来，日积月累，存下一笔数目不小的存款。记账后，他们花出的每一笔钱都清清楚楚，还控制了全家的消费欲。

像詹小雨这样家庭收入不高的尚能存下钱，对于大城市的白领们来说，更应该有效控制自己的消费欲望，学习如何理财。

如果能把节约当作一种习惯，把省钱当作一种潮流，不小看省下的小数目。日子久了，积少成多，便可以节约很大一笔开支，下面的省钱小妙招或许能让你有所收获。

1. 随身携带密封式水杯

口渴时去便利店买瓶饮料，这是大多数人的惯性思维。但这样不仅容易导致摄入过多糖分和香精，塑料瓶子还会给环境带来贻害万年的污染。随身携带水杯，就可以轻松节省下买饮料的开支，既经济又环保。

2. 请朋友来家中聚餐

家庭温暖的回归才是人们内心真实需要的东西，请朋友到家里来用餐，这不仅体现了主人对客人的尊重，还可以营造一种亲密、融洽的氛围。亲手制作的鲜花、蜡烛布置、体贴入微的菜谱设计，所耗更少，所得更多。

3. 巧用团购、代购

大到买房，小到一块瓷砖，团购不但可争取更多的价格优惠，还有详尽的咨询服务，可以帮助选择性价比较高的产品，省钱的同时还可以少走弯路。另一个概念，代购，早已存在。常用的护肤品可以请办公室的同事在出国时帮忙代购，这通常要比国内专柜的价格便宜3%以上。当然，下次也要记得帮别人带东西。

4. 不要为情绪买单

不在饥饿、愤怒时逛街。因为这时候的你很容易冲动消费，千万不要犯这种代价昂贵的错误。办公室午休时间，要学会带少量的钱逛街。如果真遇见你喜欢的东西，先记下来。也许在回去取现金的路上，你就会觉得其实自己并不是非买它不可。

5. 取消手机不必要的功能

随着通信技术的不断发展，手机的功能也是五花八门。比如：呼叫转移、三方通话、气象信息服务、秘书台业务等。这些业务里面，有些是要收费的。还有其他的国际长途，如国际长途IP功能、声讯台拨打功能。如果不是必需的，都可以申请取消，以减少误拨，或被孩子误打带来不必要的话费损失。

6. 长途电话省钱策略

如果你每月的长途电话拨打比较多，或者有亲戚朋友在国外经常要通话，那就要考虑买张话费优惠的电话卡或者购买套餐服务了。

缘来缘去，不去纠结

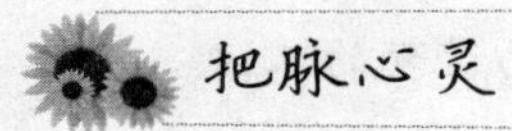

把脉心灵

找到生命中的另一半，让生命就此圆满。这样的遇见谁不曾向往？可是你等过春夏，又等秋冬，那个人始终也不曾出现。所以你依然等待，你也曾自问：爱要拐几个弯才来？我等的那个人会在多远的未来？那个他究竟为什么还没出现？

测试问答

1. 你喜欢看美容时尚方面的杂志吗？

A. 当然，我很关注这方面的资讯，会买这方面的杂志

B. 看，但都是借朋友的看，自己不会买

C. 不喜欢，平常很少看这种书籍

2. 你请美发师专门为你设计过发型吗？

A. 有，我到专门的发型店去设计过

B. 没有，顶多只是染染头发而已

C. 没有，整理整齐，好看就可以了

3. 你是否有吃零食的习惯？

A. 常常不停地吃

B. 不多

C. 对零食根本没有兴趣

4. 你是一个很爱花钱的人吗?

A. 是，常常禁不住诱惑胡乱花钱，是“月光族”

B. 偶尔，有时会神经性地抓狂似的乱花

C. 不会，我是喜欢存钱的人

5. 学生时代，你有没有做过兼职?

A. 有，我去过麦当劳和肯德基那里赚过体力劳动的工钱

B. 没有

C. 有，我会当家教或在补习班里当代课老师赚脑力劳动的工钱

6. 你最想成为童话故事中的谁?

A. 白雪公主

B. 灰姑娘

C. 睡美人

7. 你的房间布置是怎样的?

A. 有很多自己喜欢的小东西，乱但可爱的小窝

B. 比较偏向单一色系

C. 东西不多，看起来清爽整洁

8. 平常你花在健身上的时间多吗?

A. 蛮多的

B. 不多，不过本身就比较好动

C. 不多，而且属于比较安静类型

9. 如果你捡到一笔钱，这时候你会怎么处理?

A. 自己用

B. 会选择交给警察

C. 不知道该怎么办

10. 你对男友的年龄有怎样的要求?

A. 比我小

B. 喜欢成熟些的

C. 大小可以不计较

心灵解析:

选“A”得1分;选“B”得3分;选“C”得5分。将各题总分相加,计算总分。根据总分对照结果。

10~20分:求偶不得的原因是“眼光高”。你自身的条件是相当不错的,因此身边总有不少追求者。

21~30分:求偶不得的原因是“矜持”。你的条件很好,不过你没事喜欢玩矜持。在你看来,女人当然就是要被捧在手心疼的,总是希望心仪的他可以再多付出一点,总觉得他要通过你的重重考验,你才能放心把自己交给他。

31~40分:求偶不得的原因是“做作”。面对异性,你总是很喜欢耍酷,总是展现出自己冷酷的一面,藏起自己那颗温柔敏锐的心,在喜欢的人面前尤其如此。

41~50分:求偶不得的原因是“自卑”。你文静乖巧,不过你对自己缺乏信心,自卑,像是躲在角落的丑小鸭一样。

心灵指导

情感与缘分,摸不着,看不见,猜不透。人与人之间的相识相知,无不是因为彼此之间的那一份情缘。

泰戈尔说："如果你因失去太阳而流泪，那你也将失去群星。"人们总是执着、感伤于曾经失去的，以致忽略了身边的风景以及未来可能存在的惊喜，这不能不说是得不偿失。

失去恋人是令人痛苦的，但是失去的既然已经失去，就不要把过多的精力投注在已成过往的事情上——过多的留恋只会让自己失去更多。让昨天的失去永远定格在昨天，这是活得快乐和幸福的一种优雅心态。

缘分往往在人们不经意间悄然而至，又会在人们拼命想抓住时悄然而逝。只有怀着顺其自然的心态去看待感情，才会懂得有些事是留不住的，有些事是拒绝不了的。

"于千万人之中遇见你所遇见的人，于千万年之中，时间的无涯的荒野里，没有早一步，也没有晚一步，刚巧赶上了，那也没有别的话可说，唯有轻轻地问一声：'噢，你也在这里？'"

有人曾这样写道："缘分是可遇不可求的。茫茫人海，浮华世界，多少人真正能寻觅到自己最完美的归属，有多少人在擦肩而过中错失了最好的机缘，又有多少人作出了正确的选择却站在了错误的时间和地点上。"

一个女孩恋爱了。第一次尝到爱情滋味的她对爱情非常投入，每当看到他对自己笑的时候，她就觉得自己得到了整个世界。不过仅仅半年，他就爱上了别的人，弃她而去。

她失去他的时候，觉得自己失去了整个世界。悲伤和痛苦笼罩着她，她觉得这个世界暗无天日，任朋友们怎么劝都无济于事。

这对她是个巨大的打击，她想："我也许从此以后就丧失了爱的能力了。"

直到有一天，一位朋友对她说：“你不过损失了一个不爱你的人，而他损失的却是一个爱他的人。说到底，他的损失比你大，伤心的应该是他才对啊。振作起来，走出他的阴影，会有更好的男生等着你。”女孩听后，觉得有道理，心情开始慢慢明朗起来。

如果一个人一直生活在阴影下，只会继续自己的失败。阳光是明媚的，我们应该将心中的阴影驱散。

若说人与人的相识是一种缘分，那分离何尝不是一种缘分呢？有人说：“一生中最幸运的两件事：一件是时间终于将我对你的爱消耗殆尽；一件是很久很久以前有一天，我遇见你。”

放手，不仅为自己保留了最后的尊严与优雅，也成全了对方的幸福。明知坚持无益，还苦苦不放，既让自己痛苦，也给对方困扰。当爱已成往事，他已经不是曾经的他，你也已经不是曾经的你。所有的事与人，都只存在于那时那地。这个时候唯有坦然地放手，留给双方最后的美好回忆。

放手，有时候不是因为爱的消逝，而是因为爱在心底。当这份爱不能带来美满的结果时，不放手，只会拖累更多的人。这时，放手，就是智慧；放手，就是宽容；放手，就是大爱。

微笑着放手，既是成就自我，也是成全他人。在生命的际遇中，爱上不该爱的人，放手是为双方好。当子女想摆脱父母独自成长的时候，放手可以让他们赢得更精彩的人生。

请相信，当自己给予别人安静美好的爱时，在未来，一定会有一个冥冥中注定的人向自己走来，给自己更多更长久的爱。

谁的成长没有走过痛楚？谁的成熟没有经历波折？人们往往只看到别人的幸福，就觉得命运对自己刻薄。其实，命运对每个人都是公平的。那些最终幸福的人，大多是不偏执的——他们拿得起，放得下，不为难别人，也不为难自己。

请不要再为昨天流泪了。放弃过往，不再纠结，不管过去辉煌还是失意，都不要沉湎其中，别让往事挡住视线。就如一位哲人所说：“明天不一定会更好，但更好的一定在明天。”

无论贫富都要学会快乐

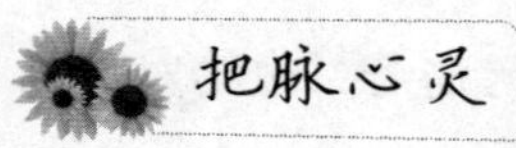

缺钱的确是人生很窘迫的状态，没有钱很多事都办不了。别说享受生活了，就算是实现理想，也是需要金钱支撑的，贫穷会耽误你做哪件事呢？你把生活费全都用光了，只剩下五元了，但三天后才发工资，你只能买一种蔬菜来下饭吃，你会买：

A. 茄子

B. 菠菜

C. 花椰菜

D. 青菜

心灵分析：

选A：贫穷会耽误你的梦想。你的沉默不代表就没有行动，你是一个很有梦想的人，不甘于落后、平庸，一步步向自己的梦想靠近。你不是那种有事没事就吵吵嚷嚷的人，有自己的思想，行动代表一切。你很有毅力，当你决定圆一个梦，便不会让自己有任何退路，不成功、便成仁，必定会以誓死的决心，坚持到底。

选B：贫穷会耽误你的计划。你头脑可能不如很多人，却重视有计划的实际行动。你做事很按部就班，不懂得投机取巧。只要坚持自己的梦想蓝图，梦想就能实现。谨慎务实的性格，让你习惯于看长不看短的处事方式，即使有人超越他、轻忽你、批评你，亦无所谓，你只走自己有把握、有规划的路，直到成功。

选C：贫穷会耽误你的目标。你是个态度谨慎的人，做什么事都要计划，否则会让你没有安全感，稍有改变都会让你不知所措，就好像瘸脚的人没有拐杖可以支撑的感觉，行立不安。很多时候，计划赶不上变化，所以很多人会觉得“计划”真是麻烦又多余，但你却认为，设定目标能让你感觉踏实、有意义。执行计划书能让你每天过得充实愉快，人生充满光明，真是一举两得的美事。

选D：贫穷会耽误你的心情。你通常对什么都不是很满意，这样的完美主义高标准，其实在许多时候都会展现出来，当然也就表现在自己的爱情方面。有时候你是恨不得把全世界能反射出自己模样的东西全部都给砸碎，因为不管怎么看都不觉得是完美的，虽然不见得是丑陋，不过还是会让你觉得看起来不舒服、不喜欢，反正无论如何就是不够好。

心灵指导

幸福快乐与贫富无关，人人都能过上幸福快乐的生活。富人有富人的活法，贫民也有贫民的活法。无论是贫民还是富人，都可以拥有自己的快乐，因为快乐同内心相连。

安贫乐道，在很多人眼中颇有些不思进取的味道。在竞争如此激烈的时代，每个人都在努力发展着自己的事业，收入多少、职位高低，似乎成了一个人成功与否的标志。但越是竞争激烈，越是需要调整心态。

只有真正的贤者，才能不被物质生活所累，才能始终保持心境的那份恬淡和安宁。

某富商在海边的别墅度假。一天，他注意到一个穷人在沙滩上懒洋洋地躺了一天。于是，走过去说他："你怎么可以在这里躺着呢？你必须站起来！"

穷人睁开迷糊的双眼瞅着富商，问："为什么？"

富商说："你要站起来走出去，你要学习，要做事！"

这次穷人眼睛都没睁开，问："为什么？"

富商说："那样你会像我一样富有！"

穷人还是懒洋洋地躺着问："为什么我要富有？"

富商说："因为富有可以让你得到一幢像我的别墅一样漂亮舒适的楼房。"

听到这话，穷人睁开了眼睛，坐起身，问："之后呢？"

富商说："你还可以拥有汽车。"

穷人又问："之后呢？"

富商说："你可以拥有爱你的和你爱的人，还有一切你需要的东西。"

穷人继续问道："当你说的这些我都拥有之后，我再做什么？"

富商说："你可以来到沙滩上躺着，悠闲地享受海边冲浪和日光浴的快乐。”

听到这里，穷人哈哈大笑，重新又躺了下来，眯起双眼望着富商，问道：“你看我现在在干什么？”富商哑口无言……

面对喧嚣世事，怎样才能使自己坚守一份宠辱不惊的宁静呢？关键还是在于心态，在于乐观的心态。

乐观的贫民说：“我很快乐！财富是身外之物，我无牵无挂，不用为赚钱烦神，因为我赚不到钱；也不用为防盗发愁，因为小偷都比我有钱，他们压根瞧不上我。我没有财产，不怕孩子为分家产而斗得头破血流，因此孩子都很孝顺，很听话。不是说‘穷人的孩子早当家’吗？我很早就在享孩子们的福了。最重要的是我不怕一觉醒来，突然股市大跌而破产，导致血压升高而半身不遂，更不会承受不了压力去跳楼。我只求一日三餐，身上有衣即可，我穷我快乐！”

乐观的富人说：“我很快乐！你看我富可敌国，我可以随心所欲地买许许多多的东西。财富造就了我非凡的身份。我有舒适的家，房子大得像皇宫；我每天吃着山珍海味，还有任何自己想吃的东西。我有专门的厨师、花匠、司机、保镖、律师、医生等，他们专门为我服务，让我每天都能享受生活。我还为子孙后代留下巨大的财富，使他们也永远可以过着富有的生活。积累财富是我最大的目标，雇人数钱是我最大的快乐！”

悲观的贫民说：“我一点都不快乐！我总是为吃饭穿衣发愁，永远不知道下一顿饭在哪里。我没有房子住，只有到处流浪，我害怕生病，因为没钱走进医院的大门。我没钱，因此无以报答父母，不能让他们安享晚年。我不敢娶妻，因为只怕拖累她；更不敢生孩子，我不能给他带来良好的教育和无忧无虑的生活。穷是我一生的拖累，使我永远没有快乐。”

悲观的富人说：“我一点也不快乐！除了钱我什么都没有，财富对我来说只是一个数字。我为这个数字耗费了我的一生，从来没有真正享受过生活。为了财富，我失去了真挚的友情，就连亲人之间也缺少信任，连个说知心话的人都没有。所有人跟我交往，都是为了我的钱而来。而且，为了财富，我失去健康，现在身体很不好，胃口也差。我不敢单独外出散步，不能像普通人一样去购物，没有闲心出去旅游，享受大自然带来的乐趣。最重要的是，每天都要提心吊胆，害怕保不住我的这些财富，被别人掠夺。有时想想，我真羡慕那些贫民，他们是那么快乐。”

可见，富人有富人的烦恼和快乐，贫民也有自己的烦恼和快乐。其实上面所说的贫民和富人，只是物质上的穷富——真正的财富，应该包括物质财富和精神财富。在两者都具备的基础上，贫民变成富人，那么他一定会快乐；反之，富人如果变成贫民，则一定会很悲观。所以说，人的一生，无论贫富，都可以拥有一个快乐的人生。

买房还是租房，请不要纠结

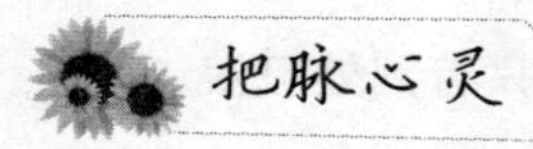

问题：早上出门，就看见一个小孩匆匆忙忙地往楼上跑，你认为发生了什么事？

A. 他忘了作业

B. 他忘了带钱

C. 他家里有事

D. 他逃课了

心灵分析：

A. 幸运一族。作为幸运儿，你是让人羡慕嫉妒恨的。别人还在为房贷而节衣缩食，你作为家中的独生子女，父母视你为心头肉、掌中宝，所以，他们早早为你准备好了一切。

B. 无房一族。不是命运的残酷，也不是你个人意识的浅薄，只是作为千万无房一族的你，多少会有点遗憾，个人能力太缺乏。所以，在婚前拥有个人产业，实在是太困难。

C. 努力一族。你十分看重个人的一切，对房子也是一样。所以在婚前，你无论如何也会拥有一套房子，这个并不是你拿来证明自己实力的资本，而是作为你生存在这个世界的证明。

D. 婚后有房族。你婚前是“月光族”的忠实会员，买了手机、电脑，就要节衣缩食，但这种日子婚后会逐渐变好。不过，婚后要为房子而奋斗，需要过上很久，你才会拥有属于自己的房子。

心灵指导

如今，生活在城市的白领们，很多都过着租房的日子。房价迅速上升的同时，房租也在节节攀升，况且还要忍受房东不合理的要求。有时迫不得已一年搬家十几次，终于无法忍受，“我要买房”的欲望越来越强烈。然而，当真的成为“房奴”，才感觉每月被房贷压得喘不过气来，生活品质也无法得到保障。

近年来，“买房”成为都市一族生活中的大事，终于在拿出全部存款，或在父母的帮助下拥有了属于自己的房子，却成了“不敢娱乐、不敢生病、不敢高消费、不敢轻易换工作……”的房奴，每月固定的催缴房贷的短信如约而至，房贷、生活费、子女教育费等压得自己将要窒息。

有房奴慨叹：为什么我们辛辛苦苦挣来的钱无法用来孝敬父母，无法用来与妻儿一起享受人间美好，无法用来善待他人，而只能拼命往房地产商手里送，而这一切仅仅是为了一套有名无实的住房。很多人在买房的时候考虑得不周全，对于长期负债没有概念，只是觉得首付不算贵，月供工资还够，还能剩点钱。于是买的房子不是超出实际需要的面积，就是超出自身能力范围的价格高的房子。在还贷开始后，原有收入一下子被固定划走一大块。原有的消费习惯一下子变得奢侈，原有的生活消费都必须大打折扣，这种心理落差和现实尴尬的无奈就会让人觉得供房就像被一座大山压着。

可细想想，一不留神成了“房奴”，到底是谁的错呢?

是银行的错吗?他们非得贷给我那么多钱，非不调查我的实际还款能力，让月供占了我家庭收入的一多半。

是房产商的错吗?非要盖那么大、那么豪华的房子诱惑我。

其实，还应该是自己的错。为什么不等自己的经济能力再强一些再买房?为什么不买那套小点的房子，让自己的债务减轻一些?

在如今的形势下，买房就好像一种常态，不买房的人好像是不会过日子、不会理财的“异类”。可是如果你放弃买房梦想，做个快乐的“无产者”又何妨呢?

房子再大，你需要的也许就是一张床大小的空间，生活不可能整天被圈在房子里。买房是改善居住条件的途径，租房也是改善居住条件的途径。当租赁成为一种常态，生活就不会因为租房而变得不幸福。

那么究竟是买房还是租房呢？就要多算算账了，不能只算经济账，还要算生活账，要全面考虑生活、工作、子女教育等方面的需要。算清楚了，决定买房了，要知道“山不在高，有仙则名；水不在深，有龙则灵。家不在大，够住就行”。不要盲目攀比，不要虚荣心作祟，要根据实际能力购买适合自己的房子。

如果你想买房了，不妨认真考虑以下几个方面。

1. 经济实力

很多人连首付都是东拼西凑借齐的，而随着经济形势的不乐观，薪水还是那么一点点，看不到上涨的时间和空间。在这种情况下，贸然成为房奴，薪水永远是绝大部分都交给了银行去还房贷，估计人生最宝贵的一半时间都是在帮银行打工。

2. 想想成为房奴后的生活景象

很多人一旦成为房奴，所有的精力和经济都在这个上面了，但是人生不是只有房子、婚恋、子女、教育、健康、职业，还有某些不期而至的意外。如果你的经济能力还房贷才刚刚勉强，那么遇到这些情况怎么办？如果为了房子而降低了生活质量，影响了人生的规划和发展，那么你买房子的意义又在哪里？你买了房子却失去了更多，你认为划算吗？

3. 不要考虑子孙

不少房奴可能这样认为，我这一代多吃一点苦，这样的话，我的子孙就会好很多，至少他们出生长大后就会有房子了，不必再像我一样过这样艰难的房奴生活了。且不说物权政策会怎么改变，单就房子本身来说，有的在交房时就存在着质量问题。几十年后，你的房子的质量、设计都会严重不合格。那个时候你辛辛苦苦买下的房子在你子孙心目中的地位和现在你老家的房子在你心目中的地位会有差别吗？也许差不多，甚至还不如。

婚姻纠结的心灵调适

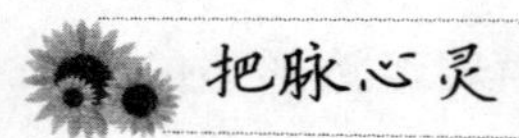

婚姻是人生道路上每个人都会面对的问题，但是每个人对婚姻的看法和认识都是不同的。有些人会想早点结婚生子，和心爱的人相守一生。有的人却认为找不到合适的人就不要急着组成家庭。那么你是如何看待婚姻的呢？

当贝啦放学回家后，朋友牙哥来家里玩，已经很久不见的牙哥似乎被贝啦吸引了，还约她周末一起去郊外骑脚踏车，你觉得贝啦应该要准备什么呢？

A. 防晒乳液

B. 专业的运动脚踏车

C. 名牌单车护具

D. 专业的车服

心灵分析：

A. 你很在乎别人怎么看你，只要一到了适婚年龄，再加上周遭长辈朋友的关心就会升起一种莫名的压力，所以你是个不太可能坚持独身主义的人。

B. 你很享受只有一个人的生活，你觉得一个人生活简单又无负担，而且婚姻对你来说并不是人生中必备的，你在乎的是能不能活出自己。

C. 你觉得婚姻生活就是需要互相协调，互相包容，还要时时顾虑到对方的感受，因为你是一个很怕麻烦的人，所以只要一想到婚姻就会感到很大的压力，所以不一定会想结婚。

D. 你从小就梦想着能够找到相守一生的人，所以你会想早点结婚，早点当妈妈，几乎从来都没存过不婚这个念头，只要能找到好对象，一定很早就会结婚生子。

心灵指导

一个人面对柴米油盐，一个人承受压力、烦恼，觉得孤独、无助，总想找个人分担，一起面对生活的风风雨雨。终于，你找到了理想对象，走进了婚姻殿堂，才发现婚姻生活远不像想象得那么简单。婚姻不是两个人搭伙过着柴米油盐的日子，结婚不是两个人的事情，而是两个家庭的事情。你终于忍不住回想当初单身的自由自在是多么美好。

钱钟书先生的《围城》中关于婚姻的描写：“结婚仿佛金漆的鸟笼，笼子外面的鸟想住进去，笼内的鸟想飞出来；所以结而离，离而结，没有了局。”“被围困的城堡，城外的人想冲进去，城里的人想逃出来。”这些感觉只有经历婚姻的人才能体会。

“他们结婚了，从此幸福地生活在一起。”童话故事大多这样结尾，然而，当你结婚后，发现童话终究是童话。当你终于决定结束一个人的生活，憧憬着无忧无虑的生活，开启一段婚姻，最终却失望透顶，这是多么常见的事情！

柳柳是名记者，安杰是某公司的业务经理，两人通过朋友相识，曾经都过着潇洒的单身生活，泡吧、聚会、逛街、旅游，好不自在。虽想摆脱单身生活，想多个人一起分担快乐和痛苦，但一直没有合适的人选。两人相识后，有种相见恨晚的感觉，于是，三个月后，他们闪婚了。

朱德庸说：“结婚后，男人成了女人的全部，女人则成了男人的一部分。”这句话对柳柳和安杰非常适用。婚后，柳柳一心向家，每天连上班的热情都没有了。早早地回家煲汤做菜，忙得不亦乐乎，好不容易充满激情地把饭菜做好，给安杰打电话，安杰却说单位要加班，要晚点回去。

柳柳的一番热情凉在了半空中。安杰并不是真的经常要加班，只是他对婚后突然要早请示晚汇报的生活感到很恐惧，他还没有从单身时无拘无束的逍遥状态中走出来。

有一天晚上，他回来得很晚了，一是因为确实忙，二是内心好像在抗拒要给柳柳汇报行踪，所以没有打电话。结果他刚推开家门，就见柳柳坐在客厅里，一种暴风雨来临前的宁静。安杰偏偏又准备绕过困难而走，结果他故意避战的神情让柳柳更加火冒三丈。柳柳开始质问安杰为什么回家晚了，安杰先是步步后退，后来被逼急了，他也开始反抗，说难道我什么都要向你汇报吗？

吵架逐步升级，最后上升到爱与不爱的高度，柳柳觉得安杰现在不爱自己了，婚前婚后他言行不一了，这场吵架以她的边哭边控诉而暂时告一段落。

安杰知趣地偃旗息鼓，他想着只要哄一哄柳柳，一切就解决了。可是他上前拥抱柳柳时，柳柳却带着恨意推开了他。她决定坚决不让他得逞，她一定要他正视问题，不能让他这样得了便宜还卖乖。她必须要他向自己交代清楚。

她的不合作态度让安杰也不耐烦了。在他看来，柳柳的那种霸道作风又上来了。这本来是一件没什么大不了的事情，她凭什么要抓住不放呢？她有点太无理取闹了。这样一想，他索性也针尖对麦芒，寸步不让。

于是，矛盾更加升级，直至冷战，两个人都觉得心被对方伤透了。两个人都开始怀疑对方根本就不是自己想找的那个人，开始怀疑这个婚姻本身就是个错误，甚至开始怀念曾经的单身生活是多么自由和潇洒。

当婚姻中的两个人你侬我侬时，甜蜜的感觉充斥在心，谁都会觉得结婚真好；当婚姻中的一方有了委屈向另一个哭诉，会觉得有人分担、有人倾听的婚姻生活也不错。然而，当夫妻双方因为某件小事而吵架，甚至大打出手的时候，两人就开始怀疑婚姻，怀念单身生活。这恐怕是大多数夫妻的真实感受。

爱情要百分之百地理解与信任，相互妥协；而婚姻要绝对忠诚与尊重原则，无私奉献。

因此，大家应该正确看待婚姻，不要对婚姻生活中的烦恼产生纠结心理，而要保持一种积极健康、平和稳定的心态。

1. 保持本色

不要试图改变自己，更不要试图改变配偶，应该尝试改变生活。当一个人被自己改变得就像一个被雕琢后的艺术品时，或许其已经失去了原来的魅力——哪怕初衷是好的。

2. 不要怀疑别人

怀疑一件事情，你会通过想象得出不同的结论，在结论上继续展开想象，直到崩溃。而信任一个人，只有一条路可走，就是“相信”。这样，你的生活会变得简单起来。因为简单，所以快乐。

3. 尊重对方的隐私

看别人的信件、手机，翻别人的日记都是不道德的事情。人因为有了隐私才会变得完整，如果什么都没有，你会发现他看起来是个空壳。你应该相信，他该告诉你的会一点点主动交代，而他不想说的，或许是因为不想伤害你。

4. 学会宽容

“人非圣贤，孰能无过？”在日常生活中，难免彼此间会出现些小摩擦。对于无足轻重的事，不妨一笑置之，但对于涉及重大原则的事情，就必须坚持原则——这是有原则的宽容。

在情感的世界里，理想主义者总是在追求至美至真的爱人。这样的思维在恋爱之前无疑有存在的理由，那是因为人们向往美好的爱情。但是在现实世界里，这样的思维如果不能随周围的环境而改变，无疑会给恋爱或者婚姻带来障碍。

总之，世上没有十全十美的婚姻，关键在于人们以怎样的心态去选择、去适应。

第五章

职场人的心灵桑拿

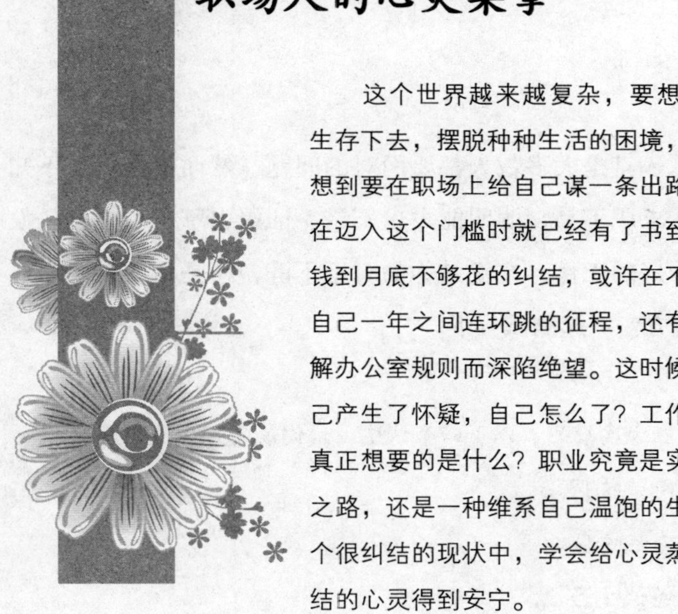

这个世界越来越复杂，要想在它的规则里生存下去，摆脱种种生活的困境，很多人首先会想到要在职场上给自己谋一条出路。或许很多人在迈入这个门槛时就已经有了书到用时方恨少、钱到月底不够花的纠结，或许在不知不觉中开始自己一年之间连环跳的征程，还有可能因为不了解办公室规则而深陷绝望。这时候我们开始对自己产生了怀疑，自己怎么了？工作怎么了？而你真正想要的是什么？职业究竟是实现理想的必经之路，还是一种维系自己温饱的生存手段？在这个很纠结的现状中，学会给心灵蒸个桑拿，让纠结的心灵得到安宁。

增强免疫力，才不怕求职遇冷

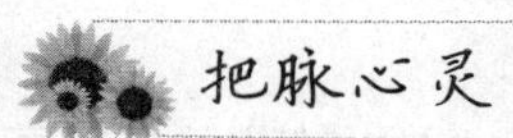

把脉心灵

“求职”一直是大多数人都要面对的问题，然而很多人都不知道自己为什么求职不易，明明能力也不错、证照也不少，但就是没办法找到一份好的工作，究竟是你的时运不济，还是你还有些需要小小调整的地方？一起测试一下。

题目：走在大卖场里，以下四个试吃区，你最想先去试吃哪一区？

A：烤牛肉试吃区

B：人参鸡试吃区

C：米汉堡试吃区

D：煎鳕鱼试吃区

答案分析：

A：只能说是你对于“薪水”的要求好像有点太高了一些，求职遇冷是因为薪水问题。

B：你职场遇冷可能是因为你的能力，你需要先考几张证照，或是充实自己的本领。

C：主要是你最近的时运有点不济，你本身其实并没有什么太多的问题阻碍你，倒是因为最近你想要的工作都比较没有适合你的职缺，因此对你而言当然就成了找工作的一个障碍和困难，还需要多等点时间。

D：你求职遇冷或者是因为你的形象问题，你在求职方面需要的是好好打点你的外表。你本身的能力很不错，可是有时候在气质和外表方面都需要稍微调整一下，尤其是在衣着和外表方面上多下点功夫，在履历表方面也需要多用点心，才能创造出令人惊艳的效果。

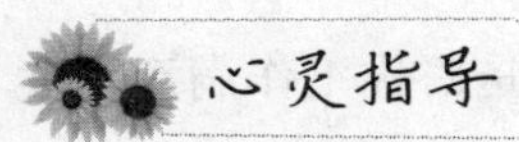

心灵指导

毕业了，要找工作了。我们踌躇满志、意气风发，在心底憧憬着美好的未来。于是我们买了挺括的正装、设计漂亮的简历，满怀信心地到各种招聘会中去应聘。简历投出去一份又一份，盼星星、盼月亮地等待着单位的面试通知，可始终悄无声息。终于等来了几个面试电话，却在面试之后没了下文。于是，我们开始怀疑自己当初选择专业的正确性，甚至会埋怨父母为什么只是普通老百姓。纠结来，纠结去，为什么没有单位通知我面试？面试了为什么没通过？现实的残酷让我们饱尝闭门羹的苦涩。

对于一个即将步入职场、准备大干一番事业的人来说，找到一个理想的工作无疑是成就事业的首要条件。然而在经历了投递出去的简历如石沉大海、面试了一次又一次始终没有收到录取通知后，迷茫、纠结的情绪涌上心来。问题究竟出在哪里？究竟怎么做才能找到好工作？百思不得其解。

要找到一份好的工作，必须具备天时、地利、人和这三个条件。除了做好简历这个敲门砖外，面试中的细节也不容忽视。

王磊，工科毕业，想要面试机械工程师，他参加了很多招聘会，大大小小加起来有十多场。在北京市举办的招聘会上，主考官对他非常满意，于是开始谈最后的薪资。王磊觉得今年找工作的情况如此严峻，自己能找到一份就不错了，怎么还能讨价还价呢？于是他回答："无所谓，都可以！"主考官马上阴沉着脸，请他回去等通知，之后就再也没有了消息。

薪资是你对自己水平的一个衡量标准，也是对你工作满意程度的回报。一个连自己薪资都无所谓的人，还能期望他对以后的工作和公司有干劲吗？所以，一定要对自己做出正确的评价，认清自己的价值。

学法律的李静终于毕业了，她在招聘会上看上了一家美商投资的外贸公司。于是，她精心打扮一番去参加面试。到了面试会场，一排看似威严的人士簇拥着老板模样的人坐在会场上方，原来是美国老板亲自面试。李静一看这阵势，不由紧张起来。当主考官问她第一个问题时："我们招的是专科学历，你是本科，怎么会来应聘这个岗位？"

她支支吾吾地回答："我觉得你们公司挺好的，也比较适合我的专业。"

主考官又问她第二个问题："我们公司好在哪里？这里工作压力很大，平时要经常加班，你可以适应吗？试用期只有每月800元的基本工资，其他什么福利也没有，能接受吗？”整个面试过程中，李静始终不敢正视考官，支支吾吾，结果可想而知。

缺乏自信的人会让人对其有学习能力差、推诿塞责的联想，这种人通常不会受到用人单位的欢迎。切记在面试时要保持自信，自信的人是积极的人，肯定会为公司注入积极的力量，必定会受到招聘人员的青睐。

李逵参加学校的招聘会时进入了一家国内知名企业的面试现场，据说投简历的有数百人，最后杀进面试的只有30多人。参加面试的人被分成三人一组来回答面试官的问题。李逵信心十足，表现得非常积极，在回答问题的时候总是抢在别人前面，比别人多说两句。

当考官问：“如果你的同事中有不好沟通的人，你怎么办？”别人还没有说话，李逵就抢着回答：“最重要的是工作，每个人都有自己的个性，不需要去勉强。”

整个面试下来，李逵回答了三分之二的问题，有时说得神采飞扬、忘乎所以。一个星期后他收到这家公司的通知，被客气地告知不需要参加复试了。因为公司觉得他不注重团体合作精神，太急于表现自己，不是他们需要的人才。

自信和骄傲有时就在一念之间，骄傲的人令人生厌。没有团队合作的概念，不合群，用人单位绝对不喜欢这样单打独斗的独行侠。所以要保持自信，而不要过度膨胀，自负的人是不被用人单位喜欢的。

彭燕终于接到了自己心仪已久的那家知名高薪企业的面试通知，心里既高兴又紧张，她做了很多专业上的准备去参加面试。

考官问："根据你的性格特点，我们想把你安排在外事部门，不过户口方面可能还需要再争取。"

彭燕听了这些，左思右想，轻轻咬着下唇说："要不，我跟爸爸妈妈商量一下？"

考官愣了一下，说："好吧。不过你要记得，以后参加面试的时候不要说'和爸爸妈妈商量'，因为这样会显得你没有主见，明白吗？"

既然已经毕业，即将步入社会，就意味着你已经成为一个独立的人了。如果凡事还要问过父母，会给人留下永远长不大的印象，必定不会受到用人单位的重用。

从上面的几个案例中可以看出，不是自己学历条件差，有时只是输在一个小细节上。如果你在求职中也四处碰壁，不妨对照以下几点，看看你是因为什么而遭受冷落的。

1. 情报搜集懒惰症

许多人求职不顺，问题出在懒得做功课上。面试前要搜集要去面试的公司的资料。如公司的规模、发展历史、经营项目及未来愿景，乃至公司负责人的经营理念、管理风格、特殊事迹等都要做足功课。工作不会从天上掉下来，职场如战场，情报力决定胜负。那么，从现在开始，养成阅读财经新闻的习惯，勤跑就业博览会与企业说明会，绝对有令你惊喜的收获。

2. 不懂得包装自我特色

从写简历到面试，除了要有真材实料，也要懂得自我推销和包装。不论你觉得自己多么平凡，总会有一两个特色或强项。即使学历不如人，也许你的口才与说服力强；也许你的气质与谈吐出众；也许你天生具备亲和力、热情、心思细腻、富于耐心、有同情心等性格特质；也许你打工实习等社会经验丰富；也许你在社团活动时很活跃，甚至在校外比赛中得过奖；也许你外形靓丽……只要你用心找，一定能找出赢别人的“优势”所在。

3. “学以致用”情结

大多数上班族从事的工作都跟在校所学无关。

“学非所用”其实是多数派，反倒“学以致用”是少数派。如果求职范围只限定在“与本行相关”的工作，等于把自己的求职路窄化。

职业种类数以万计，大学科系不过一百多种，绝大多数的工作都没有直接对应的科系，而且，随着现代科学技术的飞快进步，学校教的和工作需要有很大差别，在大学学了什么已经没那么重要，重点是你在工作中学到了什么。

4. “冷门科系”吓唬自己

有的人因为自己所学专业极其冷门而担心就业岗位少得可怜。事实上，70%的工作是不限科系的。例如，科技业与传统制造业的许多工作，凡是理工科都可以来应征；而服务业除了少数例外，也几乎没有科系限制。尤其是外商公司，更不在乎科系。如果你是名校出身，即使念的是冷门科系，企业照样会另眼相看。在职场没有所谓的冷门科系，不要自己吓自己。

5. 迷信大企业

很多求职者都想到大公司工作，实际上很多中小型公司急需人才。如果你的眼中只有知名大企业，不但职位缺少，竞争也很激烈，这无疑是自讨苦吃，对于二线学校毕业的求职者尤其不利。

况且，一家公司的薪资待遇、技术实力、发展前景、管理文化、培育训练等完全与规模大小无关。大企业有大企业的优点，例如管理制度化、人员素质整齐、公司资源雄厚、知名度可为个人加分等；但小企业也有小企业的优点，像用人条件宽松、容易独当一面等，谁说一定要进大企业？

6. 不当的“真情告白”

“累积一些工作经验后，将来想要自己创业……”“我的职业生涯规划是两年后到国外更大的公司……”在求职者面试时，经常可见这类真情告白。有哪家公司肯当冤大头，让你抱着“过客”的心态，把这里当成跳板？这不是明摆着“自寻死路”吗？

7. 自信心与企图心不足

一个业务员如果不相信自己的产品，怎么可能说服顾客去购买？同样地，一个应征者如果没有自信，怎么可能说服企业相信你？很多应征者不是被企业淘汰，而是自己把自己淘汰。

对于学历条件比较差的人，更是经常败在“自信心”这一关。当你觉得自己“矮人一截”，行为表现自然会“矮人一截”。

比如，在简历中，自信的人这样写：“我相信以我的专业，能为贵公司做出贡献！”而不自信的人通常这样写：“我有很多不懂的地方，希望贵公司给我一个学习的机会。”在面试应答时，自信的人会说：“我一定能……”而不自信的人则经常用“我不确定”“也许”“好像”等字眼。企业会如何评价，答案显而易见。

“我渴望一份稳定有保障的工作……”许多应征者这么说。但没有一家企业会欢迎“公务员心态”的员工。企业要的是有企图心、敢挑战高目标的人。即使个人条件再优，若表现出一副“生平无大志”“平凡最幸福”的样子，没有哪个单位肯录用你。

8. 实务经验犹如白纸

如果问公司老板会优先录用一个学历条件好、实务经验却是白纸一张的新鲜人，还是用学历条件比较逊色，却有一定实务经验的人？多数老板会毫不犹豫地选择后者。因为企业没有耐心去从头培养一个新人，大多数职务都要求应征者，要有“一年以上的相关工作经验”，这几个字犹如魔咒，断送了许多新人的求职路。

所以，尽量在上学期间就到校外打工实习，积累工作经验。不然，就用各种考级证书和作品来证明自己的能力。

9. 放不下身段

许多求职者抱怨一职难求，而同样有许多雇主抱怨一“工”难求。这是因为大学生常常不屑于“低就”过去以职业技术生为主力的工作，以至于生产线技术员、汽车与机械维修人员、工地人员、室内装修与水电人员都出现庞大的人力缺口。

有人传神地形容：现在要找大学生，满街都是；想找水电工，却连一个也不好找。这些被排斥的“低阶”工作其收入往往一点也不低。只要肯“转念”放下身段，不但工作机会随处有，收入也可观。

10. 希望找到清闲的工作

不少人选择工作的第一个条件就是清闲。世界上哪有那么多轻松的职位？挑剔工作是否清闲当然会求职不顺。

如果你求职四处碰壁，可以对自己的职业生涯做个详细的规划。通过这个规划对症下药，找出自己的不足，努力提升自己。

在制定职业生涯规划时，我们可以从以下几个方面着手。

择己所爱：兴趣是最好的老师，选择一项你喜爱的工作，你将更有激情和冲劲，也更能发挥你的能力。调查显示：兴趣和成功的概率成正比。在设定自己的职业生涯时，应该着重考虑自己的特点，按照自己的爱好选择自己喜爱的工作。

择己所长：任何一种职业都要求从业人员具备一定的技能和能力。因此，在选择工作的时候应着重分析自己的长处，结合各个行业的特点和要求，选择融合度最好的工作。

择世所需：社会在不断变化，社会需求也在不断变化。在设计自己的职业生涯时也要结合社会的需求，预测职业的发展前景以及职业的发展方向，再做出正确的抉择。

择己所利：职业是人的立世之本，是谋生的手段，它最终的目的是个人生活幸福的最大化。因此，在设计自己的职业生涯时，在收入、社会地位、成就感和付出等多个综合组成的函数中找出一个最大值是明智的选择。

修复因加班而无奈的心灵

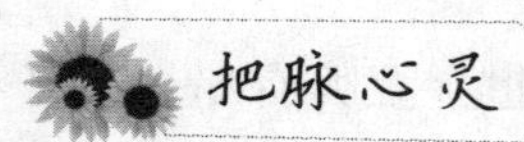

人生有很多无奈，职场中最无奈的就是加班，你会因突然被告之加班而纠结吗？请做下面的测试。

“下班时间”，你上司的脑海里可从来没有这个词。他很可能在下班时给你派个重要的任务，或是召开会议。你会怎么做？

A. “我已经下班了，有事请您明天工作时间安排。”

B. 加班非你所愿，你会想办法找个理由跟上司解释，说自己必须先走一步。

C. 只要上司还没有下班，你就不敢准时下班，因为你信奉职场加班的潜规则。

心灵分析：

选A：职场情商急需提升。显然，在上司的眼里，你可能是傲慢自大或对工作没有激情的人。更糟糕的是，他可能认为你是对他很有成见，其结果可想而知。也许你工作出色，也许你的上司宽容大度，但显然，在提升员工的名单上，你很难入选。

选B：如果上司恰好是通情达理的人，显然你的做法是合适的。不过，在有些上司的脑子里，没什么事比工作更重要。即便他勉强接受了你的理由，也很可能还是会降低对你的评分。最重要的是，借口有事而拒绝加班只能是偶尔为之，每次都如此，就算你有本事费尽脑细胞想出各种五花八门的理由，领导再迟钝也很难接受你屡屡推辞了。

选C：你是习惯于委曲求全的人，但往往没有什么太好的收益。你的脑海里只有一根筋，唯领导马首是瞻，却根本不了解上司，也不了解自己的需求，更不擅长结合不同的环境背景做出最恰当的选择。你以为领导在加班，你也留下来就一定能赢得他的认可。其实未必，有些爱加班的领导并不鼓励员工加班。

心灵指导

加班的现象在很多公司是司空见惯的。对员工而言，加班在一般情况下是“无奈”的选择。之所以说“无奈”，是因为既有客观需要，也有主观动力。客观需要包含两个方面：一个是企业发展的需要，另一个就是个人对就业竞争压力的妥协。

职场中，很多人都会对这种加班给自己带来的无奈产生纠结心理和情绪。是被迫无奈加班，还是冒着在工作竞争中落后他人的风险而对加班说“不”？要在其中作出选择，不妨先来看一看加班的常见类别。对加班的类别有了充分的了解后，相信大家通过对号入座，不难作出恰当的选择。

1. 主动加班型

加班理由：喜欢自己的工作，愿意为此多付出。

一些人加班的动机是出于自觉，因为他们很热爱自己的工作。

加班提示：愿意把更多的时间投入工作当然是好事，但是也别忘记事业和生活的平衡，主动加班在某一个特殊的阶段和时间应该还是不错的，如在刚换部门或是面临考核与挑战时。但是，如果长年累月如此，就要问一下自己了：“这真的是我想要的生活吗？”一张一弛是文武之道，职场上也需要如此，长期透支不但不能带来超值的回报，还往往有工作效率降低的副作用。

2. “加班秀”型

加班理由：博得老板和上司的好感。

有些人加班不是真的因为有那么多工作需要做，而是在进行一场“加班秀”，以表示自己对工作的尽职尽责。

这种人往往在下班前就会告诉大家：“今天要准备加班了！”第二天也一定会做出一副疲倦的样子说：“昨天又干到10点钟！”并且往往会选择一个老板在的场合。但是实际上，他们加班时往往是在打游戏、聊天或是煲电话粥——只是为了在打卡机上留下晚归的证明而已。他们认为加班表示爱公司如家，表示工作认真负责，老板和上司对于加班的人会青睐有加的。

加班提示：如果以为自己的老板是傻瓜，那就继续秀下去吧！一个精明的老板绝对不会分不清楚“苦干”和“实干”的区别，尤其是打拼出天下的老板更明白：虚假浮夸的作风绝对不可能得到真正的成功，真正的成功来自辛勤的工作和不懈的努力。

“加班秀”更大的危险在于，如果老板认同了这种浮夸的作风，那么公司本身的前景更堪忧——要知道，只有实力才是最大的竞争力。

3. 工作拖沓型

加班理由：上班时不能把该做的工作做完。

职场中总有一些这样的人，成天都忙忙碌碌的，但没人知道他们在忙什么——上午交给他的任务，下午五点还没弄完，快到下班了，他就会面对着一桌子的文件发愁，到同事们一个接一个离开公司了，他还在电脑前忙活。其实他们对工作很认真，就是办事效率太低，别人十分钟能做完的事情，他们耗两个小时也不见得能完成。

加班提示：如果有人是这样的，就要给自己敲警钟了。要知道现在竞争这么激烈，没有人愿意雇用一个办事效率低下的人。忙乱可能是因为对工作流程不熟悉，也可能是专业知识不够扎实。如果懂得勤能补拙，请尽快改变自己的做事方式。如果学做把头埋在沙子里的鸵鸟，别人都对自己不满意了还置若罔闻，那可要小心了——可能在不知不觉的情况下，自己已经上了公司裁员的“黑名单”。

4. 不分轻重型

加班理由：事前计划不够，往往在急需某一项工作时发现自己还没有做完，于是只好加班。

跟“工作拖沓型”不一样，“不分轻重型”的人的做事风格不是拖拖拉拉的，反而是风风火火的。但是就是因为他们太风风火火了，所以任何一件交给他们的工作他们都当成一样重要，上一件工作还没有做好，又立刻投入到下一件工作中去。他们总是希望在最短的时间内把所有的工作都做完，不会给工作排轻重缓急。这样的结果就是真正急需某一个文件的时候，才发现只做了一半。怎么办呢？只好加班了。

加班提示：要懂得一个道理，就是上司交给自己的所有任务都是有时间表的。接到任务后，需要先给接到的任务排一个座次。有的是急件，有的是加急；有的今天要，有的周末要，有的月末才要。另外，尽可能不要接受不是自己职责范围内的工作。

5. 从众心理型

加班理由：“别人都没走，我怎么好意思走呢？”

据说在日本公司最容易出现这种情况，所有的人都不在下班时间离开公司——因为上司不走、同事不走，自己就不敢走。很多人都有这种从众心态。其实，很多人心里想的都是一样：只要有人先走，我就跟着走。那么，何不大胆地试试看？常规是需要人打破的。

加班提示：既然公司规定了下班时间，员工就有权在下班时间后离开公司，否则制度就成了一纸空文。只要把本职工作做好了，员工就有权得到属于自己的休息时间。

6. 被迫无奈型

加班理由：公司的硬性规定。

其实，很多人加班也是出于无奈。因为行业竞争激烈，公司全体都在加班。这种现象尤其以IT（信息技术）、广告类公司为多。

加班真的能成为企业文化吗？显然不能。因为加班从另一方面说明企业的管理水平存在严重的问题——统筹计划能力差，随意性强，企业不同部门的协调、配合、沟通的能力都有问题。实际上，也没有哪一个跨国企业是靠着“加班文化”从小发展到大的。

但是，现实中，大部分人都因为害怕保不住“饭碗”而对公司的随意性加班忍气吞声。

加班提示：其实，真正的大公司都明白，加班不能造就百年企业。如IBM（国际商用机器公司）就会在周五下班时间放音乐提醒大家该下班了。如果自己所在的企业奉行“加班就是企业文化”，那就要小心了，因为这往往说明这家企业的统筹和管理能力有问题。要知道，在职业生涯的选择中，选择一个好的公司去奉献自己的才干是最重要的。不然，管理不善的公司一旦被市场淘汰，自己也就没有了立足之地。

7. 职业要求型

加班理由：职业的特殊性使得员工不得不加班。

其实这个时候说加班是不太合适的，因为对于某些特殊的职业来说，上班时间本来就没有准点。上班都不准时，自然也就谈不上加班了。

最典型的例子是从事销售工作的员工，他们的工作一般只有业绩的要求，并没有严格的工作时间要求，而很多功夫都是下在正常上班时间之外的，如跟客户的感情沟通等。职业要求他们把所有的工作时间打散了重组，这个时候，特别考验他们自我安排时间的能力。

加班提示：对于这些上下班时间不定的员工来说，工作时间的有效管理就显得非常重要——他们的每一分钟都必须是有效的。实际上，那些把时间管理得很好的员工，往往也是工作业绩最突出的。

8. 打发时间型

加班理由：下了班也没处去，还不如待在单位。

职场中，很多人的加班理由是：反正单身一人，闲着也是闲着，就在单位加班，还能博得老板好感呢。

其实严格来说，这种人不能算加班，只能算“下班后还待在公司”而已。他们往往是单身，或是因为某些理由暂时借用公司的房间——反正也没有别的地方可去，还不如待在单位，既有空调又有暖气，还能玩电脑、上网，何乐而不为?

加班提示：一般来说，管理不严格的公司才会允许这类人在单位混时间，因为下班后还待在公司，不仅占用公司的资源，也不利于公司的安全管理。另外，下班后还待在公司不走，万一公司遇到诸如失窃等意外情况，这类人显然脱不了干系。可见，待在公司混时间，并不是很好的选择。

以上简要分析了加班的主要类别，想必其中总会有符合大家的一种。要想让加班的无奈、纠结心理远离自己，就要回过头去，重新认识自己，针对相应的类型做出调整和改变，不断完善和提升自己的职场素养。

清除职场跳槽顾虑

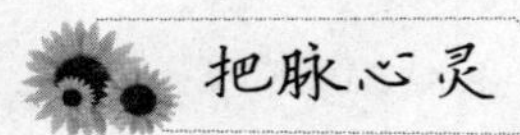

把脉心灵

在这个年代，由于各方面的原因，跳槽已变得司空见惯。但还是有相当一部分人对这一举措充满疑虑，不知道是该坚守阵地，还是该及时撤退。你是否正在为应不应该跳槽而犹豫不决、心神不定呢？别着急，来做做下面的测试，也许能帮助你在人生的十字路口做出一个正确的选择。

1. 你觉得公司所在行业的前景：

A. 没有发展

B. 像一件太紧的内衣，令人很不舒服

C. 稳如泰山

D. 像一件穿了很舒服的旧牛仔裤

2. 你有工作安全感吗?

A. 我觉得朝不保夕

B. 我不可能逃过解雇这一劫

C. 像隔壁便利店的老爷爷想要对抗家乐福大超市的心情

D. 固若金汤

3. 公司老板与员工之间的关系：

A. 像《红楼梦》里的王熙凤与平儿

B. 老板做的事换了任何人都能办得到

C. 我几天也见不到老板一次

D. 老板做事挺公平的

4. 工作之余，你有其他爱好、兴趣吗？它们是否对你的工作有帮助？

A. 有爱好、兴趣，但与工作无关

B. 没有爱好兴趣

C. 有帮助

5. 整体而言，我的同事：

A. 对我的私事比对他们自己的工作更感兴趣

B. 比我爸妈更烦

C. 我工作忙时没有一个人与我共事

D. 他们是我所信任的人，也使我很快乐

6. 在公司表现不错，你可以获得：

A. 肩膀上被拍几下

B. 在这里只有拍马屁的人才被重用

C. 在我公司里，没有所谓的表现不错

D. 尊敬、重用和奖励

7. 你的才能：

A. 没变化

B. 日益荒废

C. 与日俱增

8. 目前的工作：

A. 只盼着下班

B. 做一天和尚撞一天钟

C. 难度很大

D. 信心百倍

9. 你觉得你的个性对你的职位有帮助吗？

A. 没感觉

B. 没有

C. 有

心灵分析：

选答案A得1分，选答案B得2分，选答案C得3分，选答案D得4分。

9～20分：你是到了好好寻求新机遇的时候了。

21～28分：你随时准备换工作，只要遇到合适的。

29～33分：你对自己的职业具有高度满足感。你不仅自信，而且工作质量高，得到老板的赏识，并且自己也得到了应有的报酬。

心灵指导

千里马和伯乐的故事人人皆知，在职场当中谁都想找到能够识别自己这匹“千里马”的“伯乐”，然后成就一番大事业。然而，“千里马”遭遇“明珠投暗”的机会，好像比遇到“伯乐”的概率更大一些。因此，职场中有很多人都是怀才不遇，孤芳自赏，默默叹息。那么，为什么不跳槽呢？伯乐不找千里马，千里马可以去寻伯乐啊！然而，很多人想跳槽，又有这样的顾虑——害怕刚出虎口又入狼群。

杨文上大学时学的是财务管理专业，毕业后一直找不到理想的工作。他叔叔开了一家小型超市，发展得很好，看到杨文找不到工作，主动邀请他来自己的超市工作。起初，杨文在叔叔的超市做财务管理。虽然他刚毕业，经验不多，但很快把小超市的财务管理水平提高到了一个很高的档次。同时，杨文也帮叔叔管理超市，包括进货、店面管理、商品管理、附近小区的宣传与促销等工作。在销售旺季的时候，杨文也会冲上一线理货、收银等。

经过几年的打拼，超市的规模扩大了，生意也越做越好了，叔叔也有了不少积蓄。杨文很想利用这笔资金再开一家超市，这样他能够独当一面，两个店一起运作，也可以降低进货成本。

但是，叔叔不但不同意他的开店计划，反而渐渐对超市的事情不管不问，每天沉迷于和以前的工友喝酒打牌中。杨文劝不动叔叔，叔叔在外面越玩越上瘾，甚至无法控制自己，经常会从超市账面上拿钱去打牌。

这时，一家大型国际连锁超市招聘店长助理，杨文动心了。他觉得小型超市的管理与国际巨头是比不了的，机不可失，他决定去试一下。最终，杨文通过面试，获得了那个职位。

后来的事实证明，杨文的选择是对的。在新的岗位上，他学到了国际先进的管理经验，获得了出国进修的机会，开阔了视野，从而使自己的职业生涯提升到一个更高的水平，并获得了前所未有的发展空间。

像杨文这样了解自己最想要的是什么，并在合适的时机跳槽，便能获得工作上的成功。

在职场当中，如果你对现有的工作不满意，想跳槽，而又前怕狼后怕虎，那是不行的。只要做好充分的跳槽准备，那么你就完全没有必要害怕出虎口入狼窝了。在这里主要说一下想要成功跳槽应该考虑哪些问题，弄清楚了这些问题以后再跳槽，才会有好的结局，否则真的是得不偿失。

第一，你到底想要什么样的工作？凭你的能力你能够胜任什么样的工作？

第二，在现在的单位中自己是否已经尽力，如果在新单位出现同样的问题，应该怎样去应对？

第三，在新单位是否真的比在原单位更能施展自己的才华？

第四，你是否做好了胜任新工作的准备？

只有处理好了以上问题，你才具备跳槽的能力，但是这并不是说工作稍有不顺就要跳槽。每个人在工作当中都会碰到这样或那样的问题，遇到问题首先要做的是积极应对。如果实在没有办法解决，才可以考虑跳槽之事。即使打算跳槽，也要在做好本职工作的前提下进行，因为做好本职工作是在为新的工作培养能力和积累经验。

舒缓职场中的精神压力

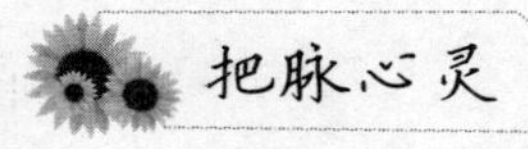

要想在职场中立于不败之地，不仅要有实力，有自己的核心竞

争力，还要有应对压力的能力，善于自我调节和排遣，善于平衡自己的工作和生活，否则，就会被压力打倒。那么，你的职业压力有多大呢？

请回想一下自己在过去一个月内有否出现下述情况：

1. 觉得手上工作太多，无法应付。

2. 觉得时间不够用，所以要分秒必争。例如，过马路时闯红灯，走路和说话的节奏很快速。

3. 觉得没有时间消遣，终日记挂着工作。

4. 遇到挫折时很容易发脾气。

5. 担心别人对自己工作表现的评价。

6. 觉得上司和家人都不欣赏自己。

7. 担心自己的经济状况。

8. 有头痛/胃痛/背痛的毛病，难以治愈。

9. 需要借烟酒、药物、零食等抑制不安的情绪。

10. 需要借助安眠药去协助入睡。

心灵分析：

从未发生0分，间或发生1分，经常发生2分。

0～5分：精神压力程度低但可能显示生活缺乏刺激，比较简单沉闷，个人做事的动力不高。

6～11分：精神压力程度中等，虽然某些时候感到压力较大，仍可应对。

12分或以上：精神压力偏高，应反省一下压力来源和寻求解决办法。

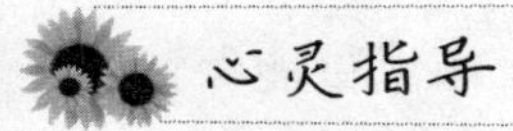

心灵指导

经常令职场人士纠结的，莫过于职场中的各种压力了。

工作是必需的，所有减压措施只能在不低于现有绩效，甚至超过现有绩效的前提下才有现实意义，才有可行性，才能从根本上帮助人们消除纠结心理。

的确，职场就像一个巨大的高压锅，每个身处职场的人都能感受到压力的存在——工作量大，担心公司倒闭、裁员、减薪，人事复杂，工时过长，工作方向常常转变，职位角色含糊等。这些状况都使职场人士受压，甚至会导致其出现精神问题。

职场压力属于压力的一种。压力是工作本身、人际关系、环境因素等诸多因素给人们造成的一种紧张感。虽然说“人无压力轻飘飘”，适当的压力可以使人充实和上进，但是，压力过大或者这种紧张感过于持久则会引发人们出现焦虑烦躁、抑郁不安等心理障碍，乃至患上心理疾病。

心理专家认为，当我们心里感到压抑的时候，我们需要的是一个好听众，并不是一个好参谋，因此，“情绪垃圾桶”不一定非人不可。当我们找不到可倾诉的人时，可以采取以下方法释放心里的压力。

1. 跟自己说点事

权威心理学家说：“和自己说话是最安全的发泄内心苦闷的方法，非常值得推崇！”由此可见，只要是能在倾诉过程中减轻自己的心理压力，和自己说话也无妨。心理学家还认为：“当你试着和自己说点什么时，心理上已经产生一种应激反应，可以中和不良情绪。”就像有的人所说：“真正能温暖自己的是自己的体温。”相比之下，“和自己说点事”比向别人倾诉更能保留自己的私人空间。所以，当你没有可信的人能倾诉的时候，不妨试着和自己说说话。

2. 对宠物倾诉

当你找不到倾诉的对象时，让宠物来充当你的“情绪垃圾桶”也是一个好办法，它们不但是忠实的听众，而且还会严守秘密。

心理学家说：“宠物对你的心理安慰效果有时比‘人类倾听者’更强。”它们真的会对你的情绪感同身受，还会表现出更多肢体语言，比如舔你的手，给你一些安慰，让你感到舒心、放松。国外研究还发现，面对宠物，女人更容易无所顾忌地暴露痛苦，甚至放声哭泣、大喊大叫，或不停地絮絮叨叨，这才是最迅速的调节情绪和帮心理减压的方式。

3. 把烦恼写出来

美国心理协会向全美白领推荐的最新减压方法就是——把烦恼写出来。心理学家研究发现，用书写方式倾诉压力和烦恼持续6周后，人就会变得积极，抗压性增强，甚至免疫力都会提高。心理学家说：“很多时候你烦恼不停，是因为大脑中蓄积了不准确、不完整、缺乏理智的负面信息，脑内思维不足以缓解。把心中的烦恼写成一篇日记，你就会发现，烦恼已削减一半；全部写完，这件一直让你纠结的事，严重性已大大降低。”因为写作的时候会对整件事情进行完整的思考，写完后烦恼就被留在了日记中，你的心理压力就小了很多。所以，当你心中苦闷、不堪重压的时候，一定要想办法把它释放出来，只有你的心里没有压力了，心情才会好，工作才会更踏实、认真，才能做出成绩。

4. 以“观察者”的身份看负面情绪

当负面情绪发作时，把自己抽离出来，以“观察者”的身份看待它。它可能是你成长过程中“曾经的旧伤”再次发作，告诉自己，今天我已足够强大，以成熟的声音告诉自己，我可以接受并坦然面对，不再条件反射，我相信我有能力控制这个局面，我相信我会理性地解决它。

5. 把心灵打开

生气时，人会自造一个很厚、很不愉快的磁场，像四面黑墙把自己困起来一样。外面的好东西进不来，心灵无法与外界沟通。这时就需要打开心灵，让阳光照进来。

做多少事，拿多少薪水

把脉心灵

完成下面的测试，看看你的老板是属于下面那个类型的：

A. O或B型血狮子座老板

B. O型血双鱼座老板

C. A或O型血巨蟹座

D. O型血天秤座老板

E. O或B型血射手座老板

心灵分析：

选A：O型血和B型血的狮子座平时出手就很豪爽，他们会觉得做老板就要有老板的派头，发年终奖这种事情怎么可以缩手缩脚让人笑话呢！

选B：对陌生人都会同情心多到泛滥的双鱼座，对下属当然是会很好的，尤其是O型血的双鱼老板，更是热心和体贴的。他们希望每一个人都开心，不要因为钱拿少了有委屈感，否则他会有沉重的心理负担和亏欠感。

选C：巨蟹座的老板是很具有母性的，总是像家长一样亲切，尤其A型血和O型血的巨蟹老板，更是会细致周到地照顾到员工的方方面面，这样的老板怎么会小气呢。

选D：处世圆滑的O型血天秤座老板很懂得“欲取先予”这个道理，什么事情都是要讲公平的，你要员工为你卖力地工作，就要用丰厚的年终奖来鼓励啊。反正一年才一次，又是发在新年这个特殊时刻的关口上的钱，他们当然要多发些奖金来博得下属的好感了。

选E：射手座老板平时就蛮大方的，特别是O型血和B型血的射手老板，是不屑于在新年这种开心的时候还要和员工计较金钱的。他们最希望的是，大家一起过一个开心的新年，把公司的气氛搞得旺旺的，有个良好的新开始！

心灵指导

职场当中不乏被扣工资的现象，劳动合同中明明约定好的工资，然而每到发工资的时候却领不到那个数，这让很多职场人士感到头疼、反感。

小王所在公司的老板是出了名的小气，每到发工资的时候就扣这扣那，整个公司上下几十个员工几乎无一幸免。大家为此愤愤不平，然而老板理由充分，谁也无法反驳。

上个月小王被以查岗时间不在岗位、迟到、工作出现小失误等一系列的错误为由扣掉工资200多元，他自以为自己表现不错，没想到竟被扣掉了那么多，实在是窝火。但是扣款理由列数清晰、明确，小王有火无处发。他觉得这样的老板实在是烦人，自己一心一意地工作，竟被他找到那么多纰漏。“为什么会有这样的老板，凭什么扣我的工资，难道我们员工就该受他的剥削、压迫、压榨，任他宰割吗？被扣了钱还要忍气吞声，自认倒霉，这样的工作实在无法继续做下去了，辞职！”小王在心里暗暗地打定了主意。

决定辞职以后，小王并没有立刻行动，而是打算找到了下家再向老板坦白。于是，小王一边上班，一边找工作。虽然他尽量用不上班的时间去找，但是面试的时间大多都是在上班时间内。于是请假、私逃，编造各种理由离开公司偷着去面试。两个多星期下来，虽然被记了几次查岗不在，倒也没出现什么大问题。

然而有一天，小王在应聘公司碰到了前来洽谈业务的老板，虽然被他编了个理由搪塞过去了，但是凭老板的聪慧，他又怎么会猜不出来呢？小王觉得“东窗”事发了，以老板的精明肯定会找个合适的理由把他辞退，遗憾的是他还没有找到下家。

小王的遭遇的确令人同情，然而之所以会有这样的结果，原因主要在于他本人。面对抠门的老板，逃跑不是明智的选择。第一，先找一下自身的原因，看看是不是自己一直在违反公司的规章制度。如果怕自己给自己的评价不够客观，那么可以找一个要好的同事来评价一下你的表现。假如真是自己不遵守公司的规章制度，那么被扣工资就无可厚非了。假如不是自身原因，那就要认真分析一下原因的所在了，以便找到合适的对策。第二，要看一下公司扣工资的行为是否合法，是否是经双方事先约定，是否符合《劳动法》的要求。如果公司的行为属于违法行为，那就可以据理力争，要求公司改正。如果公司拒不改正，就可以向有关部门反映（比如，向劳动仲裁委员会提起申诉），要求维护自己的合法权益。

但是，面对老板的不慷慨，是否只能埋怨乃至对抗呢？

胡雪岩初到杭州阜康钱庄时，像一般学徒一样，从小伙计开始干起。按照钱庄的规矩，学徒进门要先练习“坐功”，就是整日待在金库里面，练习算银票、包银元、串铜钱。白天不准出门，晚上住在店中，同样不许外出。坐功的考验期是一个月，如果一个月内遵守规矩闭门不出，而且表现不错，就算合格。19岁的胡雪岩就这样在初到“天堂”杭州的头两个月内潜心练习，甚至在师兄准许外出之后仍坐店不出，很快便熟练地掌握了技能。因为胡雪岩的勤勉、用心、负责，几年的时间他便被“破格”地由学徒提升为“跑街”（相当于业务助理），进而成为“出店”（相当于业务主管）。钱庄于老板一直对这个年轻的店员格外留心，因为胡雪岩不管是做事还是待人都表现出一种毫无功利的尽责与勤恳，而且对业务格外精通。当于老板因为现任“掌盘”（相当于总经理，仅次于老板）年纪已大，而自己身体又不好而欲提拔胡雪岩为“掌盘”时，大出老板意料的是，胡雪岩拒绝了这个机会。胡雪岩回答说：

"钱庄的生意全靠出店交际招揽，掌盘看家固然重要，但不如让我当出店，外面人头熟了，这样对店中生意的发展更为有利，等老掌盘出缺时再说也不迟。"面对诱惑，年轻的胡雪岩却表现出如此的淡定、踏实，让于老板对他产生了发自内心的信赖。经过再三考验，于老板终于下定决心，最终将阜康钱庄的全部财产赠予了胡雪岩。

发生在"红顶商人"胡雪岩身上的真实故事告诉我们，在工作与回报的关系中不能一味地考虑个人的经济利益，成功者工作绝不仅仅是为那份收入，而是看到工作后面的机会、学习环境、成长过程。"就拿这点钱，还要我做得怎么样？"这种心态可以转换一下，《论语》中有句话："敬其事而后其食。"用现在的话讲就是：拿多少钱，做多少事，钱越拿越少！做多少事，拿多少钱，钱越拿越多！把关注点放在做事上、成长上，感觉会完全不同。所以每一位员工都要时时反省：我的存在对公司的价值是什么？我为公司贡献了什么？我成长了没有？我进步了没有？

谨记职场处世法则

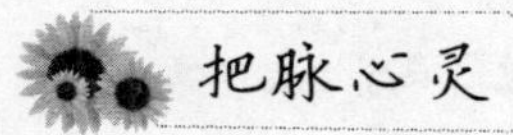

每个人都有独特的与人沟通、交流的方式。你的沟通能力如何呢？阅读下面的情境性问题，选择出你认为最合适的处理方法，请

尽快回答，不要遗漏。

1. 有位员工连续四次在周末向你要求他想提早下班，此时你会说：

A. 今天不行，下午四点我要开个会。0分

B. 你对我们相当重要，我需要你的帮助，特别是在周末。1分

C. 我不能再容许你早退了，你要顾及他人的想法。0分

2. 有位下属对你说："有件事我本不应该告诉你的，但你有没有听到……"你会说：

A. 我不想听办公室里的流言。0分

B. 跟公司有关的事我才有兴趣听。1分

C. 谢谢你告诉我怎么回事，让我知道详情。0分

3. 当你主持会议时，有一位下属一直以不相干的问题干扰会议，此时你会：

A. 继续纵容。0分

B. 告诉该下属在预定的议程之前先别提出其他问题。0分

C. 要求所有的下属先别提出问题，直到你把正题讲完。1分

4. 你刚好被聘为某部门主管，你知道还有几个人关注着这个职位，上班的第一天，你会：

A. 把问题记在心上，但立即投入工作，并开始认识每一个人。1分

B. 忽略这个问题，并认为情绪的波动很快会过去。0分

C. 找人个别谈话以确认哪几人有意竞争职位。0分

5. 当你跟上司正在讨论事情，有人打长途来找你，此时你会：

A. 告诉上司的秘书说不在。0分

B. 接电话，而且该说多久就说多久。0分

C. 告诉对方你在开会，待会儿再回电话。1分

6. 你上司的上司邀请你共进午餐，回到办公室，你发现你的上司颇为好奇，此时你会：

A. 不露蛛丝马迹。0分

B. 告诉他详细内容。1分

C. 粗略描述，淡化内容的重要性。0分

心灵分析：

0～2分：你的沟通力较低。3～4分：你的沟通力中等。5～6分：你的沟通力较高。

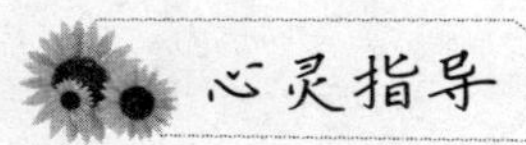

心灵指导

在工作中除了相互尊重外，每个人还都承担着责任。工作中需要你去完成的事情就是你的责任，所以你必须对你所做的事情负责。领导之所以把这件事交给你去做，是因为他相信你的能力，所以给你这个机会。当工作中有事情必须要我们去完成的时候，我们要树立这样的观念：承担责任光荣，推卸责任可耻；我承担的责任越大，说明我的能力越强；公司对我越重视，我今后在公司的机会就越多。很难想象一个不想且不能承担责任的人会有好的发展前景。如果不敢承担责任，那么机会不会主动找到你，成功一定不会属于你。

在职场当中，对人尊重、对事负责的人大都会有一番成就，无论他最初的工作岗位是什么样子的。

阿雷头脑聪明反应灵活，工作勤奋，很受领导的器重，工作刚满一年就由一名普通的业务员升任到了部门主管。但是，阿雷从不骄傲，从来不在同事面前摆架子。无论对方的职位高低，他都非常尊重对方。只要是对工作有利的建议，无论是谁提出来的他都会采用。因此，同事们觉得他和蔼可亲，遇到问题喜欢向他请教，有什么新点子也喜欢跟他说。而阿雷对工作非常认真负责，只要是下属提出的建议，他都会好好考虑。如果领导有什么新任务交代，阿雷即使废寝忘食也会去完成。

阿雷尊重同事，对工作认真负责，不仅让下属佩服，也获得了公司上下的尊重。无论遇到什么事情，只要是他一句话，大家就会全力以赴。

像阿雷一样对人尊重、对事负责的人，会有很强的感召力，因而工作也会一帆风顺。所以，职场当中领导的力量不在于权力，而在于威信，而威信来源于良好的职业道德——那就是尊重别人，对待工作认真负责。

要做到对人尊重、对事负责就必须要注意为人处世的方法。

第一，对于别人的缺点、错误不要揪住不放，要学会给别人“台阶下”。比如，有人一时精神紧张，说了一句不大得体的话，如果不伤大雅，完全可以当作没有听见。如果你当作笑柄对其取笑，对方会觉得颜面尽失，而对你耿耿于怀。

第二，不勉强别人做不愿意做的事情。有道是“己所不欲，勿施于人”，如果勉强别人发表不愿意发表的意见，或做不情愿做的事，不但会让对方对你产生看法，而且不利于工作的完成，这也不是对工作负责的做法。

第三，对人要诚信。诚信是做人的根本，答应别人的事情就要尽全力去做，并要想办法做好。如果出现意外情况而不能去做或者是不能完成，要在第一时间告诉对方，并且要把事情解释清楚，求得人家的谅解。只有这样，别人才不会觉得你是个不守信用的人。

第四，要认真听别人讲话。无论对方的身份如何，和对方谈话时都要认真听对方讲话。即使你对他的话题不感兴趣，也要试着从对方的表情去了解你应该了解的，或者在适当的时候发表你的观点，避开话题。

要做到对人尊重、对事负责仅做到以上几点还不够，还需要我们在工作实践当中去认真地总结经验教训，以便趋利避害，让我们的工作更加出色。

第六章

蒸心泡浴：享受不纠结的心灵

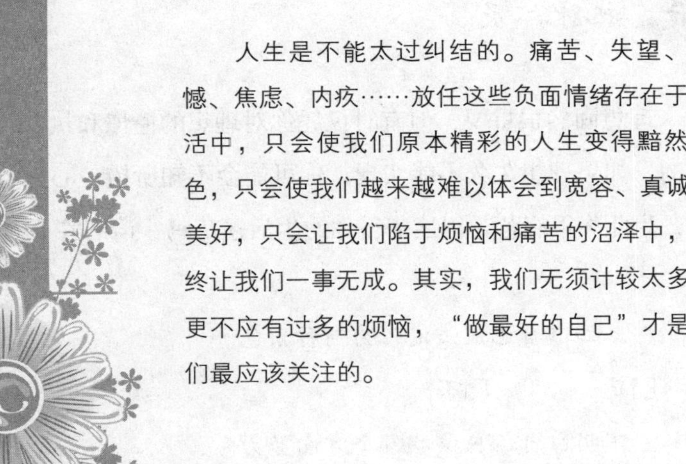

人生是不能太过纠结的。痛苦、失望、遗憾、焦虑、内疚……放任这些负面情绪存在于生活中，只会使我们原本精彩的人生变得黯然失色，只会使我们越来越难以体会到宽容、真诚和美好，只会让我们陷于烦恼和痛苦的沼泽中，最终让我们一事无成。其实，我们无须计较太多，更不应有过多的烦恼，“做最好的自己”才是我们最应该关注的。

规划心灵，不因迷茫而纠结

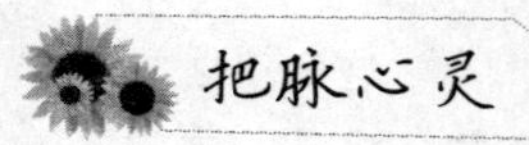

把脉心灵

理想固然很重要，但有时仅凭你对理想的憧憬和执着，是远远不够的。如果理想久久不能实现，你可能会不知所措，心里有放弃的念头，为此你很痛苦，很迷茫！你的生活迷茫吗？请回答下面的问题。

1. 不知道自己应该定位为何种角色。

□是　　　　□否

2. 不明白自己应该朝哪个方向努力。

□是　　　　□否

3. 不确定是否能实现自己的目标和理想。

□是　　　　□否

4. 不清楚最终的命运究竟如何。

□是　　　　□否

5. 不了解该如何跟上社会的节奏和时代的步伐。

□是　　　　□否

如果上述问题你有一半以上回答“是”，那么你目前很迷茫，要静下心来重新定位自己了。

心灵指导

人生如航行，人生规划就是基本航线。有了航线，人们才不会偏离目标、迷失方向，才能更加顺利和快速地驶向成功的彼岸。萧伯纳有一句名言："明白事理的人使自己适应世界；不明白事理的人，硬想使世界适应自己。"人生就应不断地调整以适应世界，而不能一味消极地应对，迷茫退缩——那只会离目标越来越远。

人生的规划是为人生的目标服务的，人生的目标有时会发生变动，同样，人生的规划也要随之进行调整。

爱因斯坦进入苏黎世联邦理工学院后，立即为自己拟订了一份人生规划，内容如下："我用四年的时间学习数学和物理，我希望自己成为自然学科中某一些学科的教授，我将选择理论性学科。"

"我制订计划的理由：第一，喜欢抽象思维和数学思维，缺乏想象和对付实际的能力；第二，这是我自己的愿望，它激励我做出类似的决定，以考察我的毅力。人总是喜欢做其有能力做的事。另外，科学工作很有独立性，这很合我意。"

他在大学中不断地修订自己的"人生规划"，使每一项都更切合达到目标的需要。例如，他不得不放弃数学而专攻物理，这是经过自我的审视和严密分析作出的果断选择。

人生的规划是与时代的步伐相结合的，离开了现实条件，再完美的计划都是没有任何意义的。不关注现实，就不能更有效地利用现实条件。

人生的规划不能离开对自己的客观分析，如爱因斯坦就对自己有客观的分析，不是人人都可以成为科学家的，并不是所有的事情都可以做。人的能力是有一定局限的，不能为所欲为。

有了合理的人生规划，人生就有了大致的发展方向和奋斗目标。如果再在生活中感到迷茫，不妨采取下面一些措施及时予以纠正。

第一，如果不喜欢现在的工作，要么辞职不干，要么就闭嘴不言。有的人初出茅庐，往往眼高手低，心高气傲，大事做不了，小事不愿做。不要养成挑三拣四的习惯，不要处处表现出不满的情绪。记住，不做则已，要做就要做好。

第二，要学会忍受孤独，这样才会成熟起来。每个人都有孤独的时候。年轻人嘻嘻哈哈、打打闹闹惯了，到了一个陌生的环境，面对形形色色的人和事，一下子不知所措起来，有时连一个可以真心说话的对象也没有。这时，千万别浮躁，学会静心，学会忍受孤独。在孤独中思考，在思考中成熟，在成熟中升华。不要因为寂寞而乱了方寸，而去做无聊无益的事情，白白浪费了宝贵的时间。

第三，不要脆弱。有的人眼睛总盯着自己，所以看不远；有的人稍遇挫折便会怨天尤人。我们的心不要像玻璃那样易碎，而应像水晶一样透明，像太阳一样辉煌，像蜡梅一样坚强。

第四，管住自己的嘴巴。不要谈论自己，更不要议论别人。背后议论人总是不好的，尤其是议论别人的短处，这样会降低自己的人格。

第五，机会从不会“失掉”，自己失掉了，自有别人会得到。不要凡事靠天，守株待兔，更不要寄希望于“机会”。没有机会，就要创造机会；有了机会，就要巧妙地抓住。

第六，若电话老是不响，就该打出去。很多时候，电话会给自己带来意想不到的收获。交了新朋友，别忘了老朋友。交际的诀窍之一就是主动。好的人缘，好的口碑，往往能帮助自己的事业更上一个台阶。

第七，不要感情用事。遇事时应沉着面对，冷静思考，从多个角度考虑得失。感情用事往往会使问题变得更加复杂，一时的草率可能会造成难以挽回的后果。

第八，写出自己一生要做的事情，把单子放在皮夹里，经常拿出来看。人生要有目标，要有计划，要有紧迫感。一个又一个小目标串起来，就成了一生的大目标。生活富足了，环境改善了，不要忘了皮夹里那张看似薄薄的单子。

心灵沐浴：打开心结，不再纠结

把脉心灵

其实，每个人的心里都有一个解不开的死结，或为了事业，或为了感情。有时候敞开心扉也不是什么坏事，人应该勇于面对自己的弱点才对。你在哪一方面最需要打开心结，快来测试一下吧！

题目：你最近心情不好，医生检查以后发现，你心脏旁边整个就是纠结在一起，所以医生就告诉你要打开心中的结，你觉得自己心里的结是长成怎样的呢？

A. 第一个结是蓝色、橘色纠结在一起

B. 第二个结是蓝色、粉红色纠结在一起

C. 第三个结是粉红色、白色纠结在一起

D. 第四个结是黄色、紫色纠结在一起

心灵分析：

选A：纠结指数80分，是事业的心结

对于工作有很多想要尝试或是很多新的尝试，但是心里又有点害怕。选到这个意味着你目前在事业上可能要重新规划一下。

选B：纠结指数20分，是朋友的心结

只是在朋友关系上感觉有一点心理不平衡，为什么老是我请客，怎么那一天他吃饭吃到一半就走人了，所以这个心结其实非常小，只要讲开就没事了。

选C：纠结指数60分，是桃花的心结

你不知道现在这个对象是好的还是坏的，或是你现在很烦恼另外一半，所以你会有些桃花上面的状况。如果你是已婚或者是有对象，这代表你对于另外一半的过去非常在意。

选D：纠结指数40分，是财务有心结

有一点觉得钱不是很够用，其实你财务上是没有困难的，你只是在烦恼未来该怎么办，明年钱够不够用，所以有一点点自寻烦恼。

心灵指导

生活中难免会出现一些磕磕碰碰，这时要学会调节自我的情绪。只有把心中的这个结解开，才能化解矛盾。

有一个人去看望他的一位朋友。他原本跟这位朋友有过很深的矛盾，因为他刚到一家公司做事时，在一次小小的失误中，被这位担任领导的朋友扣除了20%的工资，还成了“典型人物”，所以他非常气愤。这件事便成了他的一个心结。在以后的工作中，不管他的朋友怎样努力地想解除从前的误会，他都固执地不理睬。渐渐地，他开始发觉，朋友会在同事生日会上小心翼翼地留一块蛋糕给加班加点的他；在端午节，会为他煞费苦心地包两个粽子；在炎炎夏日，会恰到好处地在他凌乱的办公桌上放几颗鲜嫩的荔枝；为他熬夜悄悄地修改不甚完善的文案。终于，在经过深思熟虑之后，他决定解开心结。于是在一个节假日的午后，他诚恳地跟这位上司说了三个月来的第一句话：谢谢！他看见对方那惊喜的表情和孩子气十足地叫了一声“万岁”！

他笑了，就这样，心结解开了。从此，公司里就多了一对共同奋斗的好兄弟，他从此有了一位挚友。

但不幸的是，他的这位挚友却在一次体检中被查出患了晚期肺癌。医生说他最多只能再坚持一个月的时间，所以，他想陪陪他的这位挚友，和他谈谈以前共同经历的日子。

心结，在细心与努力中，终究会有解开的一天！而解开的那一天，也就是心情轻松愉快的开始。

解开一个心结，人生就走进了一个新天地。时间可以改变一些东西，时间可以让我们忘掉一时的不快，时间会给我们机会去解开一些心结。

其实，生命固然需要执着，但执着过了头就是固执。一个固执的人终究会因为太多的固执而失去更多。解开心结，走出自己封闭的世界，我们会感觉自己走进了一片自由的天空。

大千世界，难免会有被人误会的时候，这就要看我们能不能解开心中的“结”。很多时候，人心中的结并非解不开，而是不愿意解开而已，到最后，吃亏的还是我们自己。

《菜根谭》中讲：“路径窄处留一步，与人行；滋味浓时减三分，让人嗜。此是涉世一极乐法。”可谓深得处世的奥妙。

有这样一个女人，总在喋喋不休地向人们说邻居家污秽不堪。有一回她故意将一位朋友领到家里，指着窗外说：“您看那家绳上晾的衣服多脏！”可那位朋友却悄悄地对她说：“如果你看仔细点儿，我想你能弄明白，脏的不是人家的衣服，而是你自家的窗子。”

是啊，我们在同一片蓝天下生活，为什么不学着宽厚待人，而是轻易地指责别人呢？努力去爱我们不喜欢的人也是解开心结的一种方法。

小杨大学毕业后就进入某合资公司外贸部就职，可不幸的是，她碰上了一个爱拍马屁、什么本事都没有的主管。这个人每天下班后没有什么事儿也要拼命“加班”，无事生非，把白天理好的文件弄得一团糟，转眼出了错，又把责任全部推给小杨。

小杨不是一个会“争”的女孩子，只好忍气吞声等老板长出“火眼金睛”，结果等了三个月，还是等不来一句公道话。一气之下，小杨就去了另一家外资公司。在那里，她出色的工作博得了许多同事的称赞，但无论如何也没法使苛刻、暴躁的经理满意。

小杨感到心灰意懒，于是又萌发了跳槽的念头，冲动之下向总裁递交了辞呈。总裁没有竭力挽留小杨，只是告诉她自己处世多年得出的一条经验：如果你讨厌一个人，那么你就要试着去爱他。

总裁说，他就曾努力地在一位上司身上找优点，结果，他发现了上司的两大优点，而上司也渐渐喜欢上了他。

虽然小杨还是十分讨厌她的经理，但是却悄悄地收回了辞呈。她说："现在想开了，作为一个成熟的人应该放开心胸去包容一切、爱一切。换一种思维看人生，你会发现，乐趣比烦恼多。"

其实，许多事情只要卸下思想上的包袱，想通了，就不是什么烦心的事了。只有会解思想上的"结"，才能在人生路上走得更轻松，才能得到更多的幸福和快乐。

安慰自我，洗涤自己的心灵

把脉心灵

心里不高兴，偶尔地抱怨发泄一下，也是一种调节心情的方法，但是无休止地抱怨却只会增添烦恼。如何才能让自己快乐幸福呢？你懂得安慰自己吗？回答下面的问题，如果你的答案是"是"或者"类似"，那说明你是个很会自我安慰的人。

1. 最重要的是今天的心

是/类似□　　否□

2. 别总是自己跟自己过不去

是/类似□　　　否□

3. 用心做自己该做的事

是/类似□　　　否□

4. 不要过于计较别人的评价

是/类似□　　　否□

5. 每个人都有自己的活法

是/类似□　　　否□

6. 喜欢自己才会拥抱生活

是/类似□　　　否□

7. 不必一味讨好别人

是/类似□　　　否□

8. 木已成舟便要顺其自然

是/类似□　　　否□

9. 不妨暂时丢开烦心事

是/类似□　　　否□

10. 自己感觉幸福就是幸福

是/类似□　　　否□

心灵指导

当你感到自卑时，请不要太在意别人说什么；当你受到不公正的待遇时，请给别人多一些宽容和理解；当你与人发生不快时，请记住“退一步海阔天空”；当你感到烦恼时，请换个角度来想事情。总之，要懂得安慰自己，才能更好地善待自己。

人在纠结、烦恼的时候，尤其要懂得安慰自己。人生在世，难免遇到一些不如意的事情。这时就要懂得安慰自己，让自己拥有一种良好的心态。希望下列提示能给大家带来启迪。

1. 最重要的是今天的心

何必为痛苦的悔恨而破坏现在的心情，何必为莫名的忧虑而惶惶不可终日。过去的已经一去不复返了，再怎么悔恨也是无济于事。未来的还可望而不可即，再怎么忧虑也只是徒增悲伤。当然，过去的经验要总结，未来的风险要预防，这才是智慧。

2. 好心境是自己创造的

有些人总是将人生的愉悦寄托在外界的事物上。他们通常看重地位、财产、待遇、名誉等东西，一旦失去这些，其幸福和快乐的根基也随之毁灭——这样的人很少能体会到快乐。要把握好自己，不要让别人的不良情绪影响到自己的心境。

虽然人们无法改变别人的看法，但却能改变自己的心境。放弃怨恨和叹息，美好生活必将到来。

3. 用心做自己该做的事

人生如此短暂，怎会有人刻意去浪费呢？在生活中做真实的自己，不要被别人的批评所左右，然后按照自己的意愿踏踏实实地做好自己的事，相信美好的生活会始终相伴。

4. 别跟自己过不去

学会欣赏自己就等于拥有了获取快乐的金钥匙。欣赏自己不是孤芳自赏，也不是唯我独尊，更不是自我陶醉和故步自封……多一些自信，多一点愉快，多一点微笑，何愁没有快乐的人生呢？

5. 不要活得太累

累，是精神上的压力大；累，是心理上的负担重。累与不累总是相对的，要想不累，就要学会放松，生活贵在张弛有度。心累，会使人长期陷于亚健康状态；心累，会使自己精神不振。所以，别让自己活得太累。

6. 不做欲望的奴隶

人们总叹息“飞蛾扑火”的愚昧，人们总嘲笑“自陷泥潭”的不智。但是仔细想一想，在生活中，这种欲望的悲剧还少吗？人心不足蛇吞象。放纵自己欲望的人，最终会失去真正的自由。

7. 喜欢自己才会拥抱生活

盲目自大自尊，是骄傲无知的人生；一味自暴自弃，是消极悲观的人生。了解自己比了解别人更困难。拥有健康的、恰当自尊心理的人，面对挫折时会表现得格外坚强。不为外界的诱惑而丢失自我，不为一时的挫折而否定自己，时时客观冷静地评价自己，才会肯定地赞赏自己。

8. 多用善眼看世界

处处不能容忍别人的缺点，那么人人都会变成坏人，也就无法与他人和平相处。以恶的眼光看世界，世界无处不是残破的；以善的眼光看世界，世界总有可爱之处。

9. 不必一味地讨好别人

讨好每一个人是不可能的，也是没有必要的。刻意去讨好别人只会使别人厌恶。亲近别人要自然，投机心态要改变。有时间去讨好别人，不如踏踏实实做事。讨好别人是靠不住的，自己努力才是成功的关键。

10. 木已成舟便要顺其自然

既然生米已经煮成熟饭，那么再去悔恨以前的行为是一点益处都没有的。明智的做法是妥善处理后面的事情，别让事情变得更糟糕。泼出去的水是收不回来的，已造成轻舟的木头是无法恢复原状的——知道了这些道理，就能心平气和地处理问题。

11. 物质虽贫乏，精神世界却富足

物质贫乏不可怕，可怕的是精神世界贫困。贫困常与潦倒相连，人穷常与志短相关——精神世界贫困，富也会沦为贫穷；精神世界富足，穷也能转为富裕。物质贫乏会导致人万念俱灰，自信自强才会帮助人们脱离困境。

12. 福祸相依

莫被一时之得失冲昏头脑，切勿一味陶醉于暂时的胜利之中。要学会居安思危，切莫居功自傲，洋洋得意——陶醉于胜利意味着驻足停顿，陶醉于胜利意味着失去警惕，转向失败。人生路上要永不松懈，胜利仅仅是一个小小的路标。要想取得最后的胜利，只有努力，努力，再努力。

13. 重要的是活得充实

快乐的生活源于精彩的每一天。忧虑明天的风险，驻足于昨天的阴影，今天的生活怎能如意？总攀比那些不切实际的，总幻想那些不能实现的，今天的心情怎能安静？任何不切实际的东西，都是痛苦之源，忧愁和焦虑是生命的杀手。

14. 人生应当欢乐有度

适当的娱乐活动能调节情绪，无休无止的欢乐却会转益为害。物极则反，大凡快意处，即是多病处。一味狂欢尽兴是肤浅的人生，换来的往往是痛苦的悔恨。尽兴有度才是达观的人生。

15. 换一种活法也许更快乐

自己在工作中极不顺心，感觉处处都是围墙时，是否有必要换个环境？自己在生活中极不开心，感觉时时都是冰窖时，是否有勇气冲破围城？当自己已习惯逆来顺受时，是否会挺起胸膛说“不”？自信、自强的人大都善于调整自己的生活状态。

16. 不妨暂时丢开烦心事

人生苦短，自己何必总是活得不开心。有烦恼是正常的，没有烦恼才是不正常的。在自己心情不好时，不妨去看一场电影，听一段音乐，唱一首歌，打一个电话，享受一下阳光……

积极心态才能让心灵沐浴阳光

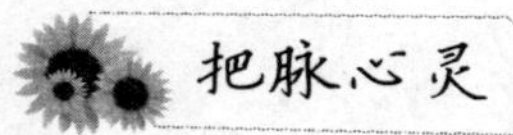

你是个积极的人吗？回答下面的问题，如果你的答案是肯定的，那么，你就需要培养自己积极的心态了。

1. 你总是看到事情不好的一面吗？

□是　　□否

2. 你总是在坏的消息来临时感到沮丧吗？你总是为你的现状而犯愁吗？

□是　　□否

3. 你总是对事情感到无能为力吗？

□是　　□否

4. 你总是感觉不到快乐吗？

□是　　　□否

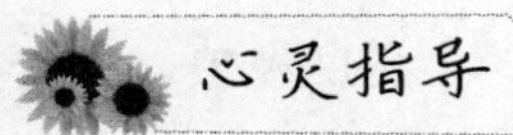

心灵指导

一位哲人说过："如果一个人不认为自己是快乐的，他就不可能快乐。"我们都要学会调整自己的情绪，凡事往好处想。只有把握好情绪，你才能厘清事情的头绪，把握住事情的关键，你的心灵才能得以解脱，你才会变得快乐。

有个人每次生气或者和别人起争执的时候，就会绕着自己的房子和土地跑三圈，然后坐在一边喘气。他勤奋地工作，房子和土地都越来越大，但是不管他多么富有，生气的时候还是会围着房子和土地跑三圈。他的朋友都很疑惑，不明白他为什么这么做。不管朋友怎么问他，他都不愿意说。

后来，由于他的勤劳，他已经是这个地方最富有的人了，房子和土地也是最大、最多的。有一天，他又拄着拐杖走三圈，等他走完已经是黄昏了。他独自坐在房前喘气，这时他的孙子跑来问他："爷爷，他们都说你一生气就围着土地跑三圈，现在你是最富有的人了，为什么还要跑啊？"

他看着可爱的孙子，终于说出了这个秘密：

"年轻时，我一和人吵架、争论、生气，就绕着房屋和土地跑三圈，边跑边想，我的房子这么小，土地这么少，我哪有时间，哪有资格去跟人家生气！一想到这里，气就消了，于是我就把所有的时间用来努力工作。现在啊，我一生气就想，我的房子那么大，土地那么多，我何必跟人计较呢？一想到这里，气就消了。"

如果我们都能拥有积极的心态，那么我们的生活就会变得美好。摆正心态，乐观一点，积极一点，凡事换一个角度来想，我们就会变得快乐。所以，只有拥有积极的心态，才能快乐地生活。因为积极的心态能够让我们认真地看清问题、思考问题，了解其中的来龙去脉，能够使我们有条理并且高效地处理问题。

有这样一句话：你改变不了环境，但你可以改变自己；你改变不了事实，但你可以改变态度；你不能控制他人，但你可以掌握自己；你不能预知明天，但你可以把握今天；你不能左右天气，但你可以改变心情；你不能选择容貌，但你可以展示笑容。态度决定一切，消极的心态只会让人消沉，积极的心态才会让人看到阳光，找到生活中的乐趣，使人健康向上地成长。

我们的心态是我们唯一能够完全掌握的东西，学会控制心态，并且利用积极的因素来引导它，切断和过去所有消极经历的关系，消除脑海中所有和积极心态背道而驰的不良因素。

培养积极心态，具体可以从以下几个方面做起。

1. 选择积极的环境

人们常用“近朱者赤，近墨者黑”来形容环境对一个人的巨大影响。积极的环境更容易使人成功。和优秀的人在一起，你也会变得优秀。当你遇到挫折时，他会安慰你，帮你找原因，最终帮你走向成功。当你因为成功而沾沾自喜时，他会提醒你，这只是万里长征的第一步，未来的路还很长，人生的意义在于不断地实现自我超越。

2. 勇于创新

创新不仅要靠能力，更要靠心态。抱有积极心态的人时刻都在寻找机会，灵感随时会光顾他们的大脑。因为他们总是很积极，相信有奇迹发生，并敢于尝试，所以对于他们来说，生活处处充满了机会。无论是牛顿从苹果落地中发现万有引力，还是瓦特受蒸汽顶起壶盖的启发改良了蒸汽机，无不是从日常生活中获得的灵感。如果他们不是对未来有美好的憧憬，无论如何也不会有如此重大的发现。

3. 用信心感染别人

积极的环境造就积极的心态，拥有积极心态的人更容易获得成功。和这样的人生活在一起，你会不自觉地变得积极起来。无论是言行举止还是看问题的角度，都会发生变化。你会感觉人生很美好，成功近在咫尺。长期如此，会形成一个良性循环，影响更多的人，进而影响整个社会。

4. 处理好生活中的每件小事

"冰冻三尺，非一日之寒。"有些人之所以情绪低落、心态消极，是因为没有处理好日常生活中的小事，挫败感不断累积，最终形成心理压力，对自己彻底失去了信心。所以生活中凡是能够做好的事情，一定要做到最好，给自己一种满足感，久而久之会形成一种成就感。这样即便将来面临什么棘手的事情，你也会信心十足地去面对。

洗刷心灵，学做不依赖的人

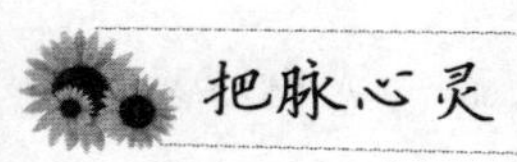

把脉心灵

依赖型人格的人在日常生活中很容易见到，甚至我们自己就是这样的人。那么如何判断一个人是不是有依赖型人格呢？如果你在下面的表现特征中占有五项以上，那么毫无疑问，你也是一株“攀爬藤”。

1. 无助感，让别人为自己作许多重要决定，如在何处生活，该选择什么职业等。

2. 经常被遭人遗弃的念头所折磨。

3. 在没有从他人处得到大量的建议和保证之前，对日常事物不能作出决策。

4. 很容易因未得到赞许或遭到批评而受到伤害。

5. 当亲密的关系中止时会感到无助或崩溃。

6. 过度容忍，为讨好他人甘愿做低下的或自己不愿做的事。

7. 被遗弃感。明知他人错了，也随声附和，因为害怕被别人遗弃。

8. 无独立性，很难单独展开计划或做事。

9. 独处时有不适和无助感，或竭尽全力以逃避孤独。

心灵指导

小李年纪轻轻就在一家媒体公司担任平面设计工作，他平时工作认真勤恳，业绩也十分突出，在工作方面深受领导的赏识和同事的好评。但是，在最近的一次部门升迁上，他却败下阵来。主要的原因就是，同事们虽然认同他杰出的工作能力，但是他的独立性太差，依赖性也很强，大家都觉得他无法胜任部门主管这样一个领导性的职位。在平时大家都觉得他仿佛是一个长不大的孩子，不仅别人这样看，连他自己也觉得无论是在工作、生活还是人际交往上都不够成熟。

小李的父母从小就对他照顾得无微不至，所有的事情都不用他操心，无论什么事情都替他安排得好好的。从他读书到他参加工作，几乎所有的决策都是他父母替他做的。他虽然也知道这样不好，但是他已经习惯于这种生活了，有的时候他出差，就会非常不适应。这一次升职竞争的失败终于让他发现已经到了必须改变这种情况的时候了。这不仅仅是这一次竞争的失败，而是他在别人心目中的形象已经变得软弱、不可信赖，这将给他的职业生涯带来极大的负面影响。

小李的这种依赖性格在现代社会中开始越来越多地出现。新一代独生子女开始走入社会，进入到工作岗位上来，但是由于父母从小过于溺爱，这就使他们在人格和精神上缺乏独立性，过于依赖父母、长辈乃至自己的配偶。他们做每一件事情都需要别人示范或者指点。如果失去了可以依赖的对象，就会立刻缺乏自信，变得焦虑和抑郁。这类人往往有强烈的从众心理，过于重视别人对他们的评价，非常容易接受别人给他们的心理暗示。工作上虽然可以很好地完成任务，但是得有个前提，就是必须给他们以明确的指示。否则的话，他们就会变得犹豫不决，没有能力进行判断和做出自己的下一步行动。

小李这样的人就属于典型的依赖型人格，是一株依赖性很强的“攀爬藤”。

这类人往往在生活的很多重大领域里，都放弃了自己对他人的义务，被依赖者的需求很大程度上取代了他们自己的需求。他们普遍缺少自信，没有任何把握可以照顾好自己。每当事情被延误的时候都会以自己不知道怎么做或者下不了决心为理由。之所以这样是因为一方面他们害怕自己的观点和做法会冒犯他们所依赖的人；另一方面是相信别人的能力比自己要强。

在幼儿园或者小学里，我们经常可以发现这样的孩子：每次家长送他们到幼儿园或者学校时，他们总要哭闹一番，仿佛是生离死别一般。甚至在大学里面，我们也会发现一些学生由于过分依赖父母，始终无法适应集体宿舍的生活。由于从小就依赖父母，长大了也会依赖父母。如果父母过分迁就孩子的话，那么久而久之就会养成这种依赖型人格。

依赖型人格的人对被依赖人有着盲目的、强迫的、非理性的依赖。他们的这种为人处世的方式会让他们变得越来越脆弱、懒惰。由于他们处处委曲求全，所以越来越多的压迫感会极大地破坏他们的自主创造能力，这种压迫感也会阻止他们向更高的人生目标进发。

有一对夫妇晚年得子，十分高兴，把儿子视为掌上明珠，捧在手上怕摔了，含在口里怕化了，什么事都不让他干，儿子长大以后连基本的生活也不能自理。一天，夫妇要出远门，怕儿子饿死，于是想了一个办法，烙了一张大饼，套在儿子的脖子上，告诉他想吃时就咬一口。等他们回到家里时，发现儿子还是饿死了。原来他只知道吃脖子前面的饼，不知道把后面的饼转过来吃。

这个故事讽刺得也许有些夸张，但是却说明了依赖的危害。如今大多数家庭都是独生子女，父母、爷爷奶奶、外公外婆都视之为宝贝。由于溺爱，孩子的日常生活严重依赖亲人，造成长大以后生活自理能力极差。

情况堪忧的不仅仅是现在的孩子，一些参加工作好几年的年轻人，自理能力也非常差。他们过于依赖别人，当依赖父母或者别人仍然无法达到他们的要求时，悲观失望的情绪就会迅速蔓延发酵，甚至会引发他们的心理危机。近年来，许多大学都发生了学生自杀事件。虽然只是极个别的案例，但是足以说明这种依赖型人格对人造成的负面影响之大。

那么假如自己或者是亲朋好友就是依赖型人格的人，那么该怎么办呢？大家可以用以下的方法来改变。

1. 纠正习惯法

依赖型人格的人，他们的依赖行为其实已成为一种习惯，所以必须首先破除这种不良习惯。好好检查一下自己的哪些事情是习惯性地依赖别人去做的，哪些事情是自己作决定的。把这些事情按照自主意识的强弱进行分类和归纳，然后进行记录。每天都要做这种记录。每个礼拜做一次总结。

对于那些自主意识强的事件，以后遇到类似的情况就要坚持自己来做。比如，某一天按自己的意愿穿了颜色鲜艳的衣服上班，那么以后就坚持经常穿鲜艳的衣服上班，不要因为别人的议论而放弃，直到自己内心深处打算换一种风格为止。穿衣服是一件小事，但是可以通过这个小事来改变自己依赖别人的不良习惯。

对于那些自主意识中等的事件，你要找到改进的办法，并在以后的行动中逐步实施。比如，在制订工作计划的时候，你听从了朋友的意见，但是也许你对这些意见并不完全赞同，那么就把不赞同的理由说出来给朋友听，让他们了解你的想法。这样，这份工作计划中就有了你自己的意见和想法。随着自己采纳自己意见的增多，你就能够变成一个可以自主拟定计划的人了。

对于那些自主意识较差的事件，你可以采取转变观点的方式来逐步强化自主意识。所谓的转变观点就是指，虽然是按照别人的意愿行事，但是要在内心深处转变自己的观点，把它想象成是按照自己的想法来行事的。比如，你从爱人的暗示中得知她喜欢玫瑰花，你为她买一枝花，似乎有完成任务之嫌。但这类事情的次数逐渐增多以后，你会觉得这样做也会给自己带来快乐。你如果主动提议带爱人去植物园度周末，或带爱人去参观插花表演，就证明你的自主意识已大为强化了。

其实，依赖型人格的人的依赖行为不是可以轻易消除的。一旦形成习惯，就会发现要自己决定每件事是很困难的。这种畏难情绪很有可能让你不自觉地走回原来的老路。为防止这种现象的发生，最简单的方法是找一个监督者，而这个监督者最好是自己最依赖的人。

2. 重建自信法

如果只是简单地破除了依赖的习惯，而不从根本上找原因，那么依赖的行为随时可能会复发。重建自信才是从根本上加以矫正、治疗依赖型人格障碍的方法。

第一步，要消除童年的不良印象。由于依赖型的人缺乏自信，自我意识十分淡薄，都与童年时期的不良教育在心中留下的自卑痕迹有关，所以首先要改变的就是消除这种自卑。你可以回忆童年时父母、长辈、朋友对自己说过的负面的话，例如："瞧你笨手笨脚的，让我来帮你做。""你真笨，什么也不会做。"等，你把这些话语仔细整理出来，然后一条一条去好好考虑自己是不是真的做不了。时间一久你就会发现这些事情其实都很简单，自己是完全可以完成的，并不一定要依赖别人。第二步，要重建自己的勇气。可以选一些略带冒险性的事情来做，每周做一项。比如：一个人到附近的风景点做短途旅行；独自参加一项娱乐活动或干脆找出一天来作为"不求人日"，这一天无论做什么事情，都完全靠自己，不寻求任何人的建议和帮助。通过做这些事情，可以增加你的勇气，改变你事事依赖他人的弱点。

改变强迫人格，洗涤纠结的心灵

据最新的医学调查统计，有5%的人或多或少地存在强迫型人格表现。那么你是不是一个"强迫人"呢？做一下下面的测试你就知

道了。

1. 完成一件工作之后不但常缺乏愉快和满足的感觉，而且还容易悔恨和内疚。

2. 拘泥细节，甚至生活小节也要“程序化”，不遵照一定的规矩就感到不安或要重做。

3. 做任何事情都要求完美无缺、按部就班、有条不紊，因而有时反会影响工作的效率。

4. 常有不安全感，穷思竭虑，反复考虑计划是否恰当，反复核对检查，唯恐出现疏忽和差错。

5. 对自己要求严格，过分沉溺于职责义务与道德规范，无业余爱好，拘谨吝啬，缺少交际往来。

6. 犹豫不决，常推迟或避免作出决定。

7. 不合理地坚持别人也要严格地按照他的方式做事，否则心里很不痛快，对别人做事很不放心。

你符合上面的几项呢？假如与你相符的达到或者超过三项的话，那么就要开始调整和改变自己的这种强迫性格了。

心灵指导

小张是某家大金融机构的经理，他从小就成绩优秀，积极参与各种活动。他从某名牌高校毕业后参加工作，在单位里以精力旺盛、工作卖力而闻名。在同事的眼里他就是个工作狂。他平时非常自信，从不惧怕任何困难。他不但对自己的事情要求完美，就连对属下的工作也要求非常严格。哪怕是属下报告的书写风格不符合他的要求，都会让他大发雷霆。他坚信自己有能力把工作做得最出色，但就是觉得时间太少，要做的事很多。他放假也从不休息，如果有谁打乱他的计划，他就会发火。小张存在许多不良的人格特征，比如：过分地注重细节和求全责备，顽固地坚持要求别人按照他的思路做事，工作方式十分刻板。

其实这些就是无法自控的“强迫人”的典型表现。这一类人最明显的表现就是在处事方面过于谨小慎微，常常由于过分认真、重视细节显得僵化死板，以致难以适应变化，进而忽视全局。由于责任感特别强、怕犯错误，所以往往用十全十美的高标准要求自己。追求完美又墨守成规，遇事优柔寡断，难以作出决定。他们在平时都有不安全感，经常无法自控。这种无法自控的表现恰恰是他们过度对自己进行控制，过分在意自己的行为和表现是否完美，在情绪方面也以紧张、焦虑、懊恼、悔恨为主，很少有轻松、快乐、满意的时候。由于他们过分追求完美，所以对于周围的人也有很高的要求。这种苛刻的要求很容易招致别人的反感，再加上他们缺乏热情、处事僵化，所以他们的人际关系一般都比较差。

强迫型人格的产生一般也是在儿童时期，这与他们所受的家庭教育和生活经历有直接的关系。父母管教过分严厉、苛刻，严格要求子女遵守规范，不能有任何的逾越，这样就会造成孩子做事过分拘束。无论做什么事情都小心翼翼，生怕由于做错事而遭到父母的责骂。做任何事都优柔寡断、思虑甚多，时间久了就产生了习惯性的焦虑、紧张的情绪。不仅仅是父母的教育会导致强迫人格的产生，一些家庭习惯也会造成强迫型人格。比如在一些医疗工作者的家中，家长出于职业的习惯和对健康知识的了解，对孩子的个人卫生也特别地注意。这样就很容易导致孩子产生“洁癖”，这种“洁癖”实际上就是一种强迫行为的表现。除此之外，人在童年时期遭受一些挫折和强烈的刺激也会使其产生强迫型人格。

强迫型人格戕害的不仅仅是一个人的心理和生理，它还会严重影响一个人的命运和前途。由于人们都不喜欢和强迫型人格的人打交道，所以虽然他们可以凭借自己的严要求和刻苦努力达到一定的高度，但是由于人际关系很差，所以在事业上很难有长足的发展和进步。一些强迫程度比较重的人，甚至可能由于他们的强迫表现而引起同事不满，最后导致在事业上止步不前。

晓芸在一家公司任出纳员已经两年了，在工作上一直尽心尽责没有出过任何差错，领导对她非常满意。但是同事们对于她则是相当不满意，无论是加薪还是升职，在同事评价中总是过不了关。许多同事都认为她性格呆板不好相处。这并不是由于她严格遵守公司规定引起了某些人的不满，而是她的言行习惯让大家觉得难以理解。她生怕工作出差错，上班从不离开工作的办公桌，她的钥匙也不让任何人摸。有一次，一个同事拿她钥匙串上的指甲钳修剪指甲，她马上夺回来不让用，说是把钥匙弄丢了怎么办；下班时经常走出门口又回来检查保险柜和抽屉是否锁好。女同事们也觉得她不活泼，不会玩，可又喜欢评论别人的发型、服饰、举止或行为，说话不讨人喜欢。同事们都觉得在晓芸那里看不到对别人的信任，有的只是对别人的怀疑和不满。不给别人以信任，别人也不会给她信任，所以晓芸虽然工作努力、出色，但是无论是职位还是薪水都还是处于原地踏步的阶段。那么，怎么改变这种状态呢？

改变强迫性格的方法主要有以下两种。

1. 当头棒喝法。强迫型人格的人实际上是把行动的自主权交给了习惯和规矩，把自己活泼的心智锁进了牢笼。因此要砸开锁链，打开牢笼，让被囚禁的自由思想主宰自己的行为。当头棒喝便是打开牢笼的妙法。所谓“棒喝”是借用禅宗中的“德山棒，临济喝”的说法。德山常以大棒惊吓学生，使执迷不悟的学生顿然开悟，而临济则以模棱两可的问题问学生，学生犹豫不能作答时，临济则大喝一声以示警醒。那些弟子为何会执迷不悟呢？原因是他们过分依赖自己头脑中呆板的教条。当一个人过分执着于经典与规矩时，他对活生生的、多变的现实就常会感到无所适从。

属强迫型人格的人已经习惯于按教条办事，总是按“应该如何，必须如何”的准则去做，在某种程度上像个机器人。要改变这种状况，就应努力寻找生活中的独特事件，让这些独特事件带来新的观念和解决问题的新思路、新方法，以起到“当头棒喝”的作用，改变以往墨守成规、循规蹈矩的习惯。

另外，自己也可以制造一些“棒喝”。当感到将要不能控制某些行为时，对自己大喝一声“停”或“不”。这时人的思维、行为的习惯被打乱，自我意识就能起作用了。如自己对他人办事不放心，迟疑着不肯把事情交给手下的人去办时，就可以对自己大喝一声：“当断则断。”在那一瞬间抛弃所有的考虑，把任务很快下达给下级。当发现自己叫停的力量不足时，还可以请自己的好朋友、同事甚至上司在必要时“棒喝”一下。例如，当一项工作即将收尾时，由于自己追求完美，迟迟不能完工，这时帮助者不妨用严厉的口吻大喝一声：“当断则断”，一定会有效果的。

2. 听其自然法。由于强迫型人格的主要特征是把冲突理智化，过分压抑和控制自己，因此要想克服自身的强迫型人格障碍需要减轻精神压力。最有效的方式是任何事听其自然，该怎么办就怎么办。做了以后就不再去想它，也不要对做过的事进行评价。比如不要担心门没有关好，就让它没关好；不要在乎课桌上的东西没有收拾干净，就让它不干净；字写得别扭，也由它去，这些与自己都无任何关系。开始时可能会感到焦虑和不安，但由于这种强迫行为还远没有达到强迫症的无法自控的程度，所以经过一段时间的训练和自己意志上的坚持，这种强迫性格是会逐渐消除和改变的。

除了上述两个方法以外，还要学会放松自己，尽量减少每天的工作时间；在周末的时候不要主动加班，要利用周末给自己放个假，和亲朋好友一起去休闲娱乐，努力为自己营造轻松愉快的人际关系；同时要记得调整自己的认知，不要放大自己或同事的缺点，要多留意自己和同事的优点，做事不要总是过于追求完美。

第三篇

心灵美容：
心灵SPA让你焕然一“心”

第七章

补水保湿，为心灵注入愉悦

市声喧哗，物欲横流，在这个浮躁的社会中，我们的心灵更加枯燥。所以，一定不要忘了给心灵找一个汲取营养的地方，因为心灵更需要养分。给你的心灵滋润营养，从此不再让心灵、情感空虚而又寂寞。

心灵SPA，快乐的心灵之旅

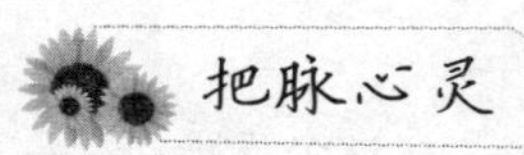

把脉心灵

年轻人都爱购买新衣服，一件合适的新衣服通常能使我们心情愉悦，但是有时候买完却又后悔了。那么，你会因为什么原因而后悔购买呢?

A. 价钱实在太贵了，你觉得不值

B. 衣服的款式或者颜色让你感到不悦

C. 尺寸大小不合适

D. 衣服不是牌子货，品质不够

心灵分析：

A. 你是一个懂得理财的人，精打细算能给你带来快乐和充实感。因此，你的快乐通常来自金钱或物质方面。

B. 你是一个比较纠结的人，常常难以下决定或是下了决定后又反悔，经常需要其他人在旁边给你提建议，结果常常买不到真正让自己称心如意的东西。你的快乐应来自你能自己做决定的那一刻。

C. 你是个粗枝大叶的人，马马虎虎的个性反倒使你的人缘非常好，你的性格中有天生的积极一面，可以在很多事情中发现快乐、寻找快乐。

D. 你的虚荣心比较强烈，希望获得别人的重视和认可。你的快乐通常产生于自己被认可的那一刻。

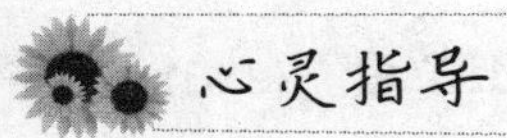

心灵指导

快乐的人脸上总是会洋溢着微笑。你会感觉得到他释放出的快乐因子。这些因子会感染你，让你的心情也跟着好起来。也许你会有疑问：别人为什么会这么快乐呢？其实快乐就在你身边，只是你一直看不见罢了。

快乐是一种美好的人生体验，每个人都想拥有。然而很多人都说自己不快乐，然后羡慕别人的快乐，觉得别人就像是空中自由飞翔的小鸟，而自己就像被抓进笼子里的小鸟，抱怨着这个世界的不公平，常常因为找不到快乐而烦恼。而越是烦恼就越得不到快乐，如此恶性循环。其实快乐一直都在，只是你没有去寻找而已。

快乐是一种感觉，它让我们在琐碎的日子里体会到六月阳光般的温暖。快乐源于心底的那份悸动，无以言说，却理所当然地洋溢在脸上。生活在司空见惯的环境中，我们似乎对一切都麻木了，缺乏生活的热情，这是一种消极的生活态度。所以说，我们要想发现身边的快乐，就要在生活中适时地调整自己的生活态度。

有一群年轻人到处寻找快乐，然而，他们在寻找快乐的道路上却总是被烦恼所阻拦。他们因此而感到忧愁、痛苦。于是他们决定向老师苏格拉底求教，借此弄明白自己到底是在哪里出现了问题。

苏格拉底听完他们的烦恼，笑着说：“如果你们有时间的话，就帮我造一条船吧。”

年轻人自然听从老师的话，恭恭敬敬地答应了。于是他们就暂时把寻找快乐的事情放在了一边，找来造船的材料和工具就开始热火朝天地干了起来。他们砍倒了一棵棵粗壮的树，造成了一条船。年轻人把船放在了水里，又把老师苏格拉底请上了船。他们一边合力荡桨，一边高声唱起歌来。这时，苏格拉底问："现在你们觉得快乐吗？"

学生们齐声回答："快乐！"

苏格拉底说道："快乐就是这样，它往往在你因为一个明确的目的而忙得无暇顾及其他的时候突然来到。"

要知道，快乐是要用心去感受的。放下心中的累赘，你才能获得轻松，也才能感受到快乐。这个世界不是缺少美，而是缺少发现美的眼睛。同样，快乐无处不在，只要我们时刻保持一种正确的心态，阳光而乐观，那么就会发现生活中处处都隐藏着快乐。

有时候，我们之所以感觉不到快乐，是因为我们不知道满足。当我们为自己所喜欢的事情而努力时，我们是快乐的，因为它带给了我们心灵上的满足；当我们成功时，我们是快乐的，因为它能满足我们的成就感。如果我们不满足于这些的话，那就只会徒增烦恼，所以人们常说"知足者常乐"。如果心中有所图、有所担心或是有所恐惧，我们就不会得到快乐，因为我们没有在心里给快乐留下位置。

有一个富翁，他很想得到快乐，于是他就带着许多金银财宝去远方寻找快乐。可是他走过千山万水，快乐依然没有来到他的身边。有一天，他很累了，就沮丧地坐在路边。这时，一个农夫背着一大捆木柴从山上走下来。富翁问他："我是个令人羡慕的富翁，但是为何我却没有快乐呢？"

农夫放下担在肩头的木柴，坐下抽着烟，舒心地说："快乐其实很简单，只要放下那些使你烦恼的东西，你就会快乐了。"

富翁顿时开悟：自己背负那么重的珠宝，老怕被别人抢，总怕被别人暗算，整日忧心忡忡，快乐如何到来呢？于是富翁将珠宝、钱财赠给了穷人，专做善事，这样不仅滋润了他的心灵，还使他尝到了快乐的味道。

因此，放下就是快乐。如果能将一切都看得开、放得下，何愁没有快乐呢！快乐就在我们身边，只要我们肯放下、放得下，我们就能感受到快乐。

学会用微笑去阐释我们的生活，用笑容去表达我们的快乐，并且把快乐传递给身边的每一个人。这样我们就会很有成就感，也会成为别人眼中快乐的人。所以，学会发现身边的快乐吧，因为，它会让我们的生活从此与众不同。

在绝望中寻找最美的惊喜

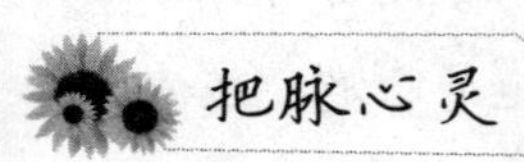

对于生活中的疾风骤雨，只有坚强的人才能够承受得住。来测试一下你够不够坚强吧！

有一天你放学走在路上，突然被工地的铁条绊倒，你会怎么做？

A. 去找这个工地的负责人

B. 要求赔偿

C. 只能自认倒霉

心灵分析：

A. 你是一个非常脆弱的人，一旦在生活中遇到挫折或者困难，你的心里就会有很多的想法，可以说是不堪一击。

B. 从表面看上去你非常坚强，其实你内心非常脆弱。不过你不会在不别人面前表现出来，但是私底下你会寻找发泄的途径。

C. 你是一个越挫越勇的人，在挫折面前你从来都不会轻易低头，而且越是在这种情况下，往往越能激发出你的能量。

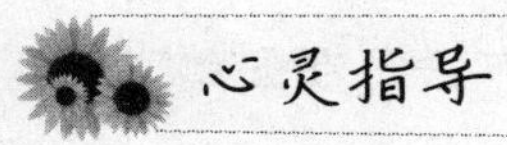

心灵指导

所谓绝境，不过是成功前的一个热身，是为最后那完美的冲刺所做的准备。因此，不管你现在顺利与否，让我们共同记住：天无绝人之路，更无绝人之境。面对人生接踵而至的绝境，要坚定地告诉自己：我一定能在最深的绝望里遇见最美丽的风景。

当你被命运无情地捉弄时，当你一无所有失去亲人和朋友时，当你的肢体变得残缺时，请不要绝望，因为你还有人最宝贵的东西——生命。所以就算遭受了多么大的打击，也不要放弃活下去的念头。每个人都是造物主的杰作，父母赐予我们生命，我们就该好好珍惜。跌倒了爬起来继续往前走，放弃堕落和脆弱。只要活着，就有希望。

也许你以为自己深陷绝路，你认为所有的努力都是徒劳。其实，再坚持一会儿，再试一下，就有可能看到胜利的曙光。很多时候，打败你的不是对手，也不是外部的环境，而是你自己的脆弱。并不是生活把你逼上了绝路，而是你自己把自己推向了深渊。不管身处什么样的境地，都不要用绝望代替希望。只要有希望与你同在，总会出现柳暗花明又一村的转机。人生中最不能失去的就是希望。

桑兰，原国家女子体操队队员，1993年进入国家体操队，1997年在全国体操锦标赛上获得跳马第一名，1998年代表中国在美国参加国际体操比赛，获得个人跳马第二名。然而桑兰的辉煌之路没有继续，就在1998年代表中国参加在纽约市长岛举办的友好运动会上，桑兰遭受了沉重的一击。

当桑兰满怀希望准备摘下金牌的时候，迎来的却是那狠狠的一摔。这一摔把她的梦想和心都摔碎了。医生宣布，因为脊髓严重挫伤，桑兰很可能从此瘫痪。老天爷就是这么残忍，桑兰真的没有逃脱厄运，她瘫痪了。有人说，作为一个运动员，她已失去了一切，再也没有任何希望了。

在几秒间瘫痪了，桑兰可以选择悲伤，意志消沉地躺在病床上，在亲人的照顾下度日。但是她告诉自己："不行！"她选择了放下悲伤，坦然地接受命运的挑战，继续踏上生命的征程。坚强驱散了她心头的阴霾，照亮了她前方的路。于是我们看到，桑兰用她的坚强做拐杖，走下了病床，带着微笑，在我们的眼前发亮发光。

日本作家中岛薰曾说："认为自己做不到，只是一种错觉。"只有当你放下悲伤，以积极的心态去面对生活中的挑战时，你的生命才会有无限的可能。

被绊倒了，站起来，拍拍尘土继续前进。人生在世，对以前的事耿耿于怀是无济于事的，就算再怎么责备自己，悔不当初，也只能是徒劳。最容易被激发出无限可能的时机，正是我们最沮丧、困顿的时候。绝望的那一刻往往是希望的开始，只要不沉溺于悲伤，我们还可以从跌倒的地方再爬起来。

做自己喜欢做的事

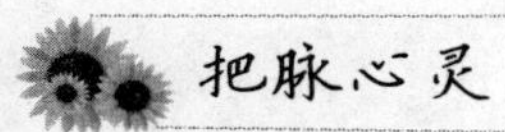

把脉心灵

做不喜欢的事情会影响心情，使你每天抑郁。做自己喜欢的事情，则会每天充满了干劲和动力，充满了正能量。那么，你是一个什么样的人呢？一起做下面的测试吧！

1. 拍婚纱照你会选择什么风格？

波西米亚风格→2　芭比娃娃风格→5　文艺浪漫风格→3

2. 你羡慕哪种身形的女生？

骨感→3　葫芦形→8　高挑→4

3. 你身上有公主病或者贵族病吗？

有→4　没有→11　不知道→6

4. 同学聚会上你最怕别人问你什么？

工作→5　婚姻→6　无所谓→9

5. 吃完火锅你会选择什么饮料？

可乐→6　白开水→10　柠檬汁→7

6. 朋友闪婚，你的反应会是？

有点惊讶→8　一阵感慨→14　很自然的事→9

7. 好友手上多了一块精致腕表，你会：

问他在哪买的→10　嫉妒→8　暗自喜欢→12

8. 很饿，你会选择哪样东西填饱肚子？

饼干→9　凤梨酥→16　水果→10

9. 你总是很有兴趣研究各类型的异性吗？

是的→11　不是→15　还好→12

10. 你听音乐一般更倾向于下面哪种风格？

轻音乐→11　流行通俗歌曲→16　不一定→12

11. 如果让你通宵做一件事，你会选择：

玩游戏→12　工作→E　和别人聊天→D

12. 在游乐场等朋友，你先玩了一遍过山车，对方到时，又要求去玩过山车，你会：

那就再去一次→13　告诉他自己去过了→A

用别的娱乐设施吸引他的注意力→B

13. 你喜欢极限运动吗？

是的→14　不是→F　还好→16

14. 你会选哪一个职业？

国际刑警→16　空姐→15　考古学家→A

15. 亲密朋友要去远方，你会准备什么礼物？

一本书→16　一支笔→F　一双鞋→D

16. 傍晚去闹市区散步，会发生的是：

淘两件衣服→C　什么也不买→B　买点水果→E

心灵分析：

A. 你正在做着自己喜欢做的事，过着自己想过的生活。虽然看起来很平静，其实内心一直在默默努力。你常常能够给人眼前一亮的感觉。

B. 你是一个能够完全做自己喜欢做的事情的人，也不会被人所迫去做不喜欢做的事。

C. 你在做自己不爱做的事情，这不是为了自己的利益。

D. 你正在做着自己很厌恶的事，但是只要是有利于实现自己的目标的，你都会去忍耐，去执行。

E. 因为不喜欢解释，所以常常让人误解。但是更因为这样，你就更加不愿违背良心去讨好某人。所以你还是特立独行地做着自己问心无愧的事。

F. 无论做什么事、什么工作，你都能从中找到快乐之处和有趣的地方。你有着求实、创新的想法，让自己的生活从来都不会乏味单调。

心灵指导

决定我们一生成就大小的，除了个人的努力外，关键还得看是否做对了事情。做自己喜欢和善于做的事，上帝也会助你走向成功。

一个人只有选择了自己真正感兴趣的事，才会充分调动自己的所有潜能，精力充沛、精神愉悦地去工作。但是，现在的很多人都没有考虑到这一点，他们往往喜欢做其他人认为很体面的工作，却从不曾考虑自己是不是能够从中得到快乐。

摩尔的父亲开了一个饭店，他把儿子叫到店中工作，希望他将来能接管这个饭店。但摩尔却很不喜欢饭店的工作，所以懒懒散散，总提不起精神。每天他只做些不得不做的工作，有时候，他干脆直接旷工。他的父亲十分伤心，决定不再管他的事了。

有一天，摩尔告诉父亲，他希望做机械工作——到一家机械厂做学徒。他的父亲十分惊讶。不过，摩尔还是坚持自己的意见。他穿上油腻的粗布工作服，从事比饭店更为辛苦的机械工作，工作时间更长，有时还要忍受老板的责骂。但他却在工作中体会到了以前从来没有体会到的快乐。他选修工程学，研究引擎，装置机械。如今他拥有了自己的汽车制造厂，成为了一个很有作为的人。

如果摩尔当年留在饭店不走，他还会有以后的成就吗？所以，如果你认为自己在某种事业上缺乏足够的兴趣，那么还是选择放弃这种工作为好。

根据你自己的志趣选择事业，你就不会觉得无聊。但是，在工作的过程中，有的人因为受不了外界的诱惑，顺从于自己的欲望，便把全部精力放到毫无意义的事情上去了。像这样的人，成功怎么会降临到他的头上呢?

世界上的每一个人都有自己的兴趣和能力，所以，每个人都应该找一种适合自己的事业来做。如果一个人找不到他真正感兴趣的事业，那么他的生活一定十分无聊。反之，当你找到最适合自己的事业时，你就会明显地感觉到自己做起事来精力充沛、斗志昂扬、信心十足，就不会再怀疑自己是否选对了事业了。

对于我们来说，好事业的标准应该是：有益于自身的发展，能够使自己不断进步，学到实用的技能，而且前途无限。你只要选择那些适合你的工作就可以了，完全没必要去尝试那些看起来很体面的工作。要想找到自己最喜欢做的事，要做到以下几点。

1. 找到真正的一生所爱

有人可能不禁会问，究竟怎样才可以发现自己最喜欢的是什么？对此，苹果公司的创始人乔布斯的“明天死去”原则可以供我们参考。乔布斯从17岁开始每天都会对着镜子自问：“如果今天是我的最后一天，我还会去做原来打算做的哪些事吗？”乔布斯之所以这样做是因为他相信，在死亡面前，荣辱成败都变得无足轻重，那么剩下的就是你最紧要的事情。

如果明天就会死去，那么今天你选择的工作，一定是你愿意付出自己的一切的工作。

2. 将精力集中在优势领域

有人曾这样说，成功就是充分实现你的潜能，而这取决于你能否准确识别并全力发挥你的天生优势。所谓优势，就是你天生能做一件事，不费劲，却比大多数做得好。事实的确如此，不要抱怨自己天赋平平，我们每个人都会有自己真正擅长的事情。把精力集中在这个领域去专注如一地学习、奋斗，那么你就一定能够获得比在任何其他领域更多的成就。

3. 有舍才有得

一旦选择了自己喜欢的领域，割舍就会变得简单。你会忽略薪酬、福利，忘记工作时间，不计工作地点，此时，你才拥有了一份真正意义上的职业规划乃至人生规划。

4. 放远眼光，别被自己束缚

别被自己束缚，首先要做的就是跳出具体的事情，从本质上来看什么是你所喜欢和擅长的事。如果你喜欢做的事情是玩游戏，那么你将打游戏的乐趣折射到你的人生中，你所喜欢和擅长的可能是充满挑战、刺激的任务。事实上，你会慢慢发现，除了电脑游戏的开发，还有很多类似的工作能帮你找到发挥个人潜能的出口。其次，不能一叶障目，要明辨是非，符合社会发展的趋向和大多数人的利益。

我们完全有理由坚信：天生我材必有用。选择自己喜欢且擅长的事绝不是无原则的偏执，它要能为大多数人创造价值，并且，持久地创造价值。

给孤独的心灵做个水疗

你是一个孤独的人吗？请做下面的测试。

1. 你觉得还是有人可以说说话。

A. 从不（4） B. 很少（3） C. 有时（2） D. 经常（1）

2. 你觉得和周围的人相处融洽，有“物以类聚”之感。

A. 从不（4） B. 很少（3） C. 有时（2） D. 经常（1）

3. 你觉得害羞。

A. 从不（1） B. 很少（2） C. 有时（3） D. 经常（4）

4. 你觉得你身边虽然有人，但他们却没真正和你在一起。

A. 从不（1） B. 很少（2） C. 有时（3） D. 经常（4）

5. 你觉得还是有人可以求助、分享或依靠的。

A. 从不（4） B. 很少（3） C. 有时（2） D. 经常（1）

6. 你觉得自己外向而友好。

A. 从不（4） B. 很少（3） C. 有时（2） D. 经常（1）

7. 你觉得你不能和周遭的人分享自己的兴趣和想法。

A. 从不（1） B. 很少（2） C. 有时（3） D. 经常（4）

8. 你觉得孤单。

A. 从不（1） B. 很少（2） C. 有时（3） D. 经常（4）

9. 你觉得自己与他人隔绝了。

A. 从不（1） B. 很少（2） C. 有时（3） D. 经常（4）

10. 你觉得没人可以求助、分享或依靠。

A. 从不（1） B. 很少（2） C. 有时（3） D. 经常（4）

心灵分析：

这是一份比较常用的UCLA（加利福尼亚大学洛杉矶分校）孤独量表，是自评测试，括号里的数字是分数，10道题分数相加就是你测试的得分，分数对应如下结论。

10分以下：低度孤独；11～16分：一般偏下孤独；17～20分：中间水平孤独；21分以上：高度孤独。

心灵指导

人人都会有孤独的时候，孤独是一种心理现象。不管你是置身于熙熙攘攘的人流，还是在深山僻壤中离群索居，只要你对周围的一切缺乏了解，与身外的世界无法沟通交流，你就会感到孤独。

对于大部分人来说，孤独是心灵没有倾诉的痛苦。孤独是一种心灵的煎熬，是一种灵魂的折磨，令人恐怖，令人心悸。孤独是夕阳吹角、四面楚歌，使人心碎神伤，徘徊彷徨，万劫不复。

比较严重的孤独感会衍生受挫、寂寞和烦躁等感觉，更为严重的甚至会使人产生厌世轻生的想法。在孤独的心态下，人既不能很好地感受别人的情感，也不能给予别人情感，更谈不上主动和别人进行情感交流了。心理上感到空虚，于是形成了孤僻的性格。孤僻与烦躁、敏感、易怒等交织在一起，在行为上往往表现为目的在于引起别人注意的抗拒行为。

一般来讲，性格特别内向的人容易产生孤独感，这是因为他们的自我中心观念比较重，总是对外界事物和身边人群表现得淡漠寡趣，难于合群；考虑问题比较趋向于抽象、紊乱；行动上整日忙得焦头烂额，显得紧张而又急迫。他们的内心深处有十分强烈的抗拒感，喜欢把自己锁在一个狭小封闭的角落里，因而十分孤寂。

一个人若长期被孤独的阴影笼罩，会严重影响心理健康。即使一个人处于正常的社会环境中，一段时间内被剥夺了必要的社会交往，也会出现心理异常现象。加拿大心理学家赫布与他的同事在20世纪50年代曾做了一个有关感觉剥夺的实验。他们找来十几位自愿尝试的学生，让他们各自单独居住在隔离室中，与外界隔绝，甚至包括光线、声音。尽管居住条件良好，并给予极好的食品，但是，被实验者没过多长时间就感到烦躁不安，注意力不集中，逐渐产生幻觉，于是一个个再也忍受不了孤独感的折磨，都急着想从那个与世隔绝的房间中逃脱出来。

长期的孤独感还会造成情绪烦躁，改变人们非精神性神经化学作用，也就是说会影响人的免疫系统，使人容易感染各种疾病。那么，有什么避免孤独感的灵丹妙药吗？最主要的方法还是引导他们走出自己“画地为牢”的小圈子，多进行交往，变封锁式性格为开放式性格，培养广泛的兴趣、爱好，经常参加社交活动。具体说来，要在以下几个方面做出努力。

1. 战胜自卑。有孤独感的人通常都有一种潜在的自卑心理。他们渴望得到别人的同情和支持，却由于种种原因害怕遭到拒绝，又因为感到自己与别人不同，所以害怕与别人接触。这是自卑心理造成的一种孤独状态。这就跟蚕作茧自缚一样，要冲出重重包围，你必须要先咬破用自卑心理织出的茧。

2. 敞开心扉。如果你向别人敞开心扉别人也会向你开放自己的内心世界。一个心胸豁达的人是感觉不到孤独的。此外还要认识到能跟我们做朋友的，不仅仅是我们的同类，还有那五彩缤纷的大自然，它也能够成为我们的朋友，使我们远离寂寞。

3. 积极进取。孤独往往使人丧失进取的锐气，减少人生的乐趣，而这些又强化了孤独感，从而形成一种恶性循环。孤独是一种现代病，生存的巨大压力使得人害怕自己不合群，害怕被别人排斥，害怕在不幸的时候得不到同情与安慰，害怕自己的想法得不到别人的理解——总之，孤独是一种内心的恐慌。

心理学家和医生研究发现，孤独感与疾病之间有着密切的关联。长期处于寂寞与孤独状态的人，更易患上各种疾病。最近，美国、芬兰和瑞典三国联合进行研究，也证实了这个结论。三国研究人员通过对4000余名男女历时12年的追踪观察发现，属于与社群疏离一组的男性，感染严重疾病者在该段时间死亡的人数，较另外社会活动活跃的男性多出2～3倍，女性要高出1～2倍。

所以，我们要积极参与社交活动，主动接触那些真正适合自己的人，多与知己谈心交心。在对别人好的同时别人也会对你好，爱别人的同时也会得到别人的爱。春来结伴郊游踏青，夏至相约滨河休闲，秋天携手登高望远，冬日共同享受阳光。

养成一颗布施之心

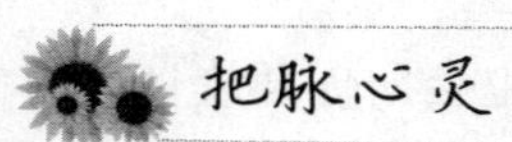

把脉心灵

在你的生活中，总会有那么一两个小气的朋友，不愿意吃亏，一起吃饭或者合作任何事，到算账的时候，连一两元钱都斤斤计较，吝啬到不行。那么，你自己是否也跟他们一样小气呢？以下性格测试一测便知。

假如有一天你看到一只猴子从树上跌下来，虽然有点奇怪，但你认为猴子的哪个部位会先着地呢？

A. 头

B. 臀部

C. 脚

D. 手

心灵分析：

选A：是绝对不肯吃亏型，因为头是身体最重要的部分。这类人做事斤斤计较，是个非常吝啬的人。

选B：对金钱反应迟钝，只要朋友开心，就一掷千金。因为你这种性格，吝啬与你无缘，而朋友却视你为大好人。

选C：选这个答案的可能是比较谨慎的人，虽然小气，可是怕人讲闲话，偶然也会表现大方一面。

选D：脑筋转得很快，能干而少吃亏，是那种与朋友一起吃饭会想尽办法不用付款的人，小气程度亦相对高一些。

心灵指导

罗素说过，吝啬，比其他事更能阻止人们过自由而高尚的生活。这就告诉我们一定要摒弃吝啬的不良习惯。

吝啬的人一般都是自私的、贪婪的。这类人只会嫌自己发财速度太慢，发财“效率”太低，总想不劳而获或者少劳多获，因而不择手段地算计他人、集体和社会。

这种过于吝啬的习性表现是只想索取，不想奉献。

有个勤劳而忠厚的男孩叫汤姆，他一个人住在一间小屋子里，并且拥有一座村庄里最美丽的花园。小汤姆有很多的朋友，其中有一个是磨坊主名叫汤恩。汤恩是个很富有的人，他总自称是小汤姆最忠实的朋友，因此他每次到小汤姆的花园来时，都以最好的朋友的身份拎走一大篮子美丽的鲜花，在水果成熟的季节还拿走许多水果。

汤恩经常说：“真正的朋友就该分享一切。”而他却从来没有给过小汤姆什么。

冬天的时候，小汤姆的花园枯萎了。“忠实的”磨坊主朋友却没去看望孤独、寒冷、饥饿的小汤姆。

汤恩在家里对他的家人说："冬天去看小汤姆是不恰当的，人们经受困难的时候心情烦躁，这时候去打扰他们是不好的。而春天的时候就不一样了，小汤姆花园里的花都开放了，我去他那采回一大篮子鲜花，他也会高兴啊。"

磨坊主的儿子问他："爸爸，为什么不让小汤姆到咱们家来呢？我会把我的好吃的、好玩的都分给他一半。"

谁想到磨坊主却被儿子的话气坏了，他怒斥这个什么都不懂的孩子。他说："如果小汤姆来到我们家，看到了我们烧得暖烘烘的火炉、丰盛的晚饭以及甜美的红葡萄酒，他就会心生妒意，而嫉妒则是友谊的大敌。"

磨坊主汤恩的"高论"让我们看到了吝啬的人在面对朋友时的丑恶嘴脸。吝啬者金钱、财富都不缺，然而其灵魂却是日趋贫穷。

吝啬果真能给吝啬者带来快乐吗？不能。其实吝啬者的生活是最不安宁的，他们整天忙着挣钱，最担心的是丢钱，因而整天提心吊胆、坐立不安，永远不会是愉快的。

所以，我们要远离吝啬的魔鬼，走出吝啬的灰暗。再吝啬、再坏的人，只要决心想给予，就可以透过训练开启其布施之心。在生活中，让我们学会"布施"吧。因为，只有如此，才能让我们得到更多；学会给予，才能收获幸福；懂得付出，才能有更多收获。

用爱滋润心田

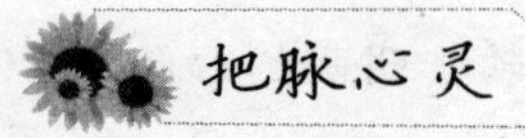

把脉心灵

爱是伟大的，它能使沙漠变成绿洲。只要你乐于奉献自己的爱心，就没有那么多的烦恼和忧愁了。那么在生活中你是一位有爱心的人吗？完成下面的测试很快就能知道你是个什么样的人了。

测试题：这是一个令人难忘的玩具城，因为里面有许多恐怖的玩具，在这些玩具当中你觉得哪个最让你想吐？

A. 眼睛流血的骷髅头

B. 满脸脓包的水怪

C. 凸眼长舌的妖怪

D. 流脓暴牙的秃头虫

心灵分析：

选A：你十分坚强独立，受不了别人动不动就哭哭啼啼的模样，你觉得无论发生什么天大的事情，最后都会有解决的办法。每一个人都要对自己负责，实在没有什么好同情的。

选B：你就是心太软，情感丰富，听到一段感人的故事就会落泪，看到小动物受伤就会难过。你是一个有爱心、有同情心的人，只要别人有难，你一定尽全力帮忙。

选C：你对于表现同情心的分寸拿捏得很好，绝不愿意当烂好人。当有人真的需要你帮忙时，你会义不容辞地付出，但若是助纣为虐的帮忙，你就会抵死不从，很有原则！

选D：你也是一个有同情心的人，不过只有和你很熟的人才了解你的真性格。因为你平时看起来冷冷的，说话很直接，有时伤到别人的心都不知道。说具体一点，就是嘴硬心软，明明热心助人，嘴里却不承认。

心灵指导

因为有爱的滋润，生命才更加色彩斑斓；因为有爱的催发，生命才更加旺盛坚强。爱是世间至高无上的法则，因为它是生命的支撑。

一个人讲了这样一个关于自己的故事：

在我年轻的时候，有一天晚上我买了一张名叫《无因的反抗》的电影票，正要走进电影院的时候，一个少年拦住了我。

少年看上去非常焦急，他拉着我的袖子说："这位大哥，售票处已经买不到票了，您能把手中的票卖给我吗？"

我一愣，有些为难地问道："你没有问过别人吗？"

"问了很多人，但他们都……"少年的脸色有些黯然。

"要不是为了我母亲，我也不会麻烦您的……"

"你母亲？看电影跟你母亲有什么关系呢？"我好奇地问了一句。

"是这样的，我们刚从乡下来，我想带着母亲看一场电影。"

少年回答道。

我被那位少年的孝心感动了，果断地把电影票递了过去，而且没有要他一分钱。少年除了千恩万谢之外，还非常郑重地问了我的名字。在人的一生中，这只是一个极为短暂和普通的瞬间。二十多年过去了，我差不多已经忘记了这件事情。但有一天，我正在街头散步的时候，一个中年人一边喊着我的名字，一边向我走来。我一看，我根本就不认识站在面前的这个中年人。

这时候，中年人说道：“大哥，您肯定不记得我了，但您还记得在二十多年前，你曾给过一个少年一张电影票吗？那个少年就是我啊！那年我们从乡下来给母亲看病，当时我母亲病得很重，我怕母亲不能活着从手术台上下来，就想领着母亲去看一场电影。那天晚上，很多人都拒绝了我。只有您，只有您慷慨地把票给了我。您知道吗，我母亲在手术后又活了一年。那一年里，每当她幸福地说‘我在城里看过一场电影’的时候，我就在心里默念着您的名字。这么多年过去了，我一直都忘不了……”

我就做了那么一点事儿，却让一个素昧平生的人记住了我的名字，而且一记就是这么多年。说真的，当他喊出我名字的那一刻，我感受到了一种无法言说的幸福。

世界之所以不会冰冷，是因为我们的爱心没有消沉。生活之所以充满阳光，是因为我们仍旧富有热情。在我们的生活中，有很多人热衷于对财富的追求，也有很多人迷恋于对功名的获取。似乎生命注定就是名与利的纠缠，但是在这个故事中会发现，名与利并不是一切，爱会让你的人生更有价值。所以世界上那些伟大的人，从不吝于将自己的赞美加诸于爱之上。英国的勃朗宁曾将无爱的地球形容为可怕的坟墓，法国的拿破仑启发我们进行思考：“你可曾想到，失去了爱，你的生活就离开了轨道。”德国的席勒也告诉我们：“爱使伟大的灵魂更加伟大。”

假设我们拥有了一切，但是唯独缺少爱，那这一切就等于零，会变得毫无意义；但即使我们失去了一切，只要拥有爱，一切便都有重新得到的希望。

第八章

接受心灵残缺，你才能更美

人生在世，总不免企图追求完美。每个人都希望自己的形象能变得更完美，希望自己的生活能达到完美状态，希望自己所做的事情能尽善尽美……因此，我们处处不遗余力、小心谨慎，力求避免一切不必要的失误。可如此做的结果只是让我们平添了诸多压力与焦虑。

我们都是被上帝咬了一口的苹果

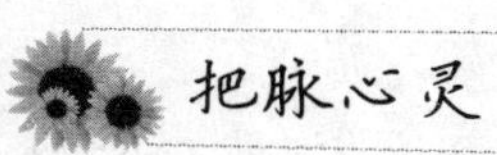

把脉心灵

你是不是经常在生活中有如下抱怨：

1. 感觉自己很矮

是□ 否□

2. 感觉自己很胖，没有好的身材

是□ 否□

3. 希望自己越来越完美

是□ 否□

4. 总感觉自己是不幸的

是□ 否□

如果在生活中说过上述一半以上的话，那说明你在生活中是个追求完美的人。

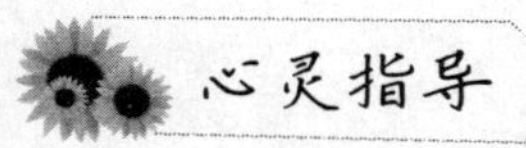

心灵指导

追求完美似乎是人类的天性。无论是在生活中还是在工作中，我们处处都要追求完美；不管是天生丽质还是相貌丑陋的人，都对整形、做美容情有独钟，想让自己成为所有人心目中完美的天使；不管是一般职员还是公司的领头羊，都拼了命般地工作，不惜透支自己的身体，为的就是自己的事业能够达到巅峰；不管是灰姑娘还是白雪公主，都希望能嫁给一个英俊潇洒、年轻有为、温柔体贴、有房有车的白马王子。然而，世界并不总是按照我们的心意而组成的，反倒是由众多的遗憾和不完美组成的。

小蕾出生在一个和睦的家庭，爸爸很能干，妈妈很贤淑，她给这个原本幸福的家庭带来了更多的快乐。可是好景不长，一场突如其来的重病导致小蕾的听力出现障碍。

因为听力的障碍，小蕾的语言能力也出现了问题。和同龄的孩子比起来，小蕾显得既木讷又口吃。后来，小蕾到了上学的年纪，父母不想让她上聋哑学校，不想从小就给孩子贴上“残疾”的标签，但以她的听力和语言能力，根本无法通过普通小学的入学考试。幸运的是，也许是出于对小蕾不幸遭遇的同情和被小蕾父母所感动，校长还是破例同意了小蕾入学。

可以走进明亮整洁的教室，这让小蕾异常兴奋。她知道这上学的机会得来不易，所以她学习起来异常刻苦。尽管戴着助听器，可她还是和其他孩子有很大的不同。同学们总是会向她投去异样的目光，或是给她起各种难听的绰号。起初小蕾还会因为这些委屈地流泪，但到后来，只要一下课，小蕾就摘掉助听器，给自己一个清静的世界。

听力障碍反倒给小蕾提供了很好的读书条件，下课时不管同学们如何喧闹，她总是能够安静地学习，静静地读自己喜欢的书。小蕾很喜欢读书，有时候自己读不明白，就会向老师请教，所以她深受老师们的喜爱。老师还经常送给她各种书籍，放学后会把她叫到办公室，一起讨论书里的内容并且辅导她写作。这让小蕾写作能力不断提高，作文考试经常得满分。在她六年级的时候，她还自己创作了一首诗歌，虽然语言略显稚嫩，但还是被刊登在了校报上，成为全校学生的榜样。

上了初中以后，小蕾更是屡获各种作文比赛大奖；她创作的诗歌散文经常被刊登在青少年读物和各类报刊上，越来越多的人开始熟识和敬佩这个有听力障碍的女孩。

初中毕业后，小蕾没有继续读高中，而是选择在家自学，并专心于写作。在她17岁的时候，家人自费为她出了第一本诗集，这本诗集引起了强烈的社会反响。她还因此获得了全市最高的文学奖，是该奖项自设立以来最年轻的获奖者。随后，她又被省作家协会吸收为正式会员。

十年间，小蕾在各大主流报刊上发表的文章有五百余篇，出版的小说和诗集也有十余部，她已经成为不折不扣的美女作家。经常有人问她到底是什么让她收获这样的成功，她总是笑着回答："命运的不幸。"

有人说："世上每个人都是被上帝咬过一口的苹果，都是有缺陷的人。有的人缺陷比较大，是因为上帝特别喜爱他的芬芳。"世界著名小提琴家帕格尼尼4岁时出麻疹，7岁时患肺炎，46岁时牙齿掉光，47岁时近乎失明，50岁时成了哑巴。病痛几乎毁了他的一生，可同时也缔造了一个天才的小提琴家：他3岁学琴，8岁便小有名气，12岁就成功举办了自己的音乐会。无数的人为他的琴声所倾倒，而他与病魔抗争的勇气更是感动了全世界。

上帝既吝啬又公平，它给予我们健康，就不会给予我们完美；给予我们美貌，就不肯给我们智慧；给了我们智慧，就不想给我们财富。所以，我们的人生总是会存在这样或那样的缺陷，要么是身体的残疾，要么是生活的打击，可很多人并不清楚这些对于人生的意义，从而在挫折面前一蹶不振。

其实上帝给予我们缺陷只是为了锻炼我们的意志，坚定我们的信念，开阔我们的心胸，培养我们乐观的精神。这样的“眷顾”更能够让我们清楚地认识到，我们想要追求的东西到底是什么。所以，我们不必自暴自弃或是怨天尤人，更不应该总是坐等上帝赋予我们一切。听力有障碍，但我们还有眼睛；没有眼睛，我们还有双手；没有双手，我们还有双脚；如果连双脚都没有了，我们还有一颗勇敢的心。

所以，无论面对怎样的不幸，我们都不能屈服于命运的摆布，要像贝多芬那样扼住命运的咽喉，把挫折和不幸当作前进的跳板，勇敢地向命运宣战。

残缺也是一种美

我们每个人都不是十全十美的，无论在身体上还是在精神上，我们总会有一些缺陷。也许，你的缺陷被你的美丽所掩盖，或者是

你的优点被你的残缺所掩盖。完成下面的调查，在下面的横线上写上自己的答案。

请列出您心理方面的缺陷与弱点：

____

请列出您身体方面的缺陷与不足：

____

你是如何克服这些不足？

____

通过自己所写的答案，然后找到解决的办法。

心灵指导

据说维纳斯出土之后，因为缺少手臂，人们希望它变得更加完美，就想给它安装一双手臂。当时的著名雕塑家们举行了一场塑造手臂的比赛，但所塑造出的手臂无论哪一个安装上去，都显得是那么不相适宜。最后，人们一致认为没有手臂的维纳斯最美。至今也没有人再质疑过维纳斯的这种美，而她身体上的缺憾反倒引发了人们无尽的遐想。

故而，残缺其实也是一种美，是上天赐予我们的另一种恩惠。

在澳大利亚墨尔本，有一个叫力克·胡哲的年轻人，他在出生时罹患海豹肢症，天生没有四肢，一直受到嘲笑和歧视，曾经三次尝试自杀，但都没有成功。就连他的双亲在初次看到这般模样的儿子的时候，都吓了一大跳，无法接受这一残酷的事实。

但你想不到的是，奇迹却在这个年轻人身上出现了。10岁那年，小力克第一次意识到“人要为自己的快乐负责”。于是，他不再抱怨生命的苦闷，不再消沉，而是保持微笑，用一种乐观的态度笑对人生。随着力克的成长，他学会了怎样应付自身的不足，并开始自己做越来越多的事情。比如说别人必须要用双手做到的如刷牙、洗头、玩电脑等各类事情，他都能找到方法，不用双手也能完成；再比如骑马、打鼓、游泳、足球、冲浪等常人能够玩的运动，他也玩得了。在美国夏威夷，他学会了冲浪，并掌握了在冲浪板上360° 旋转这样的超高难度动作。由于这个动作属全球首创，他的照片还刊登在了《冲浪》杂志封面上。除此之外，他还拥有两个大学的学历。

2005年，由于力克超人的毅力、坚忍和勇敢，他被授予“澳大利亚年度青年”的荣誉称号。令人难以置信的是，他还是一位使人备受鼓舞的演说家，他从17岁开始做演讲，向人们讲述自己不屈服于命运的经历，他还创办了“没有四肢的生命”组织，帮助那些和他有类似经历的人走出残疾的阴影。迄今为止，他已到过35个国家和地区，告诉人们“跌倒了要学会爬起来，并开始钟爱自己”。

命运对力克·胡哲如此不公，但他从没抱怨什么，却将这份残缺演绎得格外美丽，活出了精彩的人生。

他在演讲中这样说道：“人生最可悲的并非是失去四肢，而是没有生存希望及目标！人们经常埋怨自己什么也做不来，但如果我们只记挂着欠缺的东西，而不去珍惜所拥有的，那根本解决不了问题！真正改变命运的并不是我们的机遇，而是我们的态度。”他不仅仅是这么说的，也是这么做的，正是怀抱着对命运的不屈与抗争精神，他身上才展现出一种连很多健全人都没有的自信、快乐和生命力，也完成了很多健全人都没能完成的梦想。

力克·胡哲不仅是位出色的励志演讲大师，更重要的是，他让我们看清了一件很重要的事：任何抱怨都不能使这个世界发生一丁点儿改变，唯有积极乐观的行动才能让这个世界因你而美丽。我们知道，世界文化史上有著名的三大怪杰：盲人文学家尼尔顿、聋人音乐家贝多芬、哑巴小提琴演奏家帕格尼尼。他们和力克·胡哲一样，都曾被命运狠狠地折磨了一番，失去了与常人同时赛跑的机会，但他们都不屈服于命运的摆布，最终以坚强的毅力征服了整个世界。所以，从某种意义上来说，是残缺造就了他们生命中别样的美。

“要么赶紧去死，要么精彩地活着”，这是2011年“感动中国”人物中断臂钢琴师刘伟的语录，刘伟像维纳斯一样失去了双臂，但却用双脚创造了生命的奇迹。对于我们来说，“要么赶紧去死，要么停止抱怨”，以上述残缺者为榜样，向生命辉煌处冲刺，才是生命的愿景。

美与丑的心灵比较

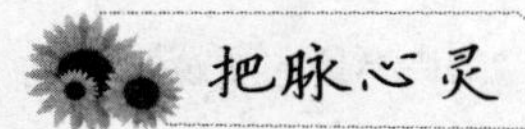

你能正确看待美与丑吗？一起做下面的测试。

有一天醒来，你发现自己躺在山里，害怕的你想逃出这里，可是天色渐暗，你也越来越不安，突然间你走到了一个四五条小路交会的路口，你觉得你的“第一个直觉”会是什么反应？

A. 无法立刻拿定主意，感到非常彷徨

B. 根据地上的脚印数量来决定走哪条路

C. 思前想后，最终还是没有勇气踏出第一步

D. 凭直觉，不会想太多直接选择

测试结果：

选A的人：外表光鲜亮丽的你，其实觉得自己的内心相当丑陋，自私自利、心胸狭隘、口是心非。

选B的人：每当有人说你丑，你就会觉得自己真的丑，真想挖个地道躲起来，非常在乎别人的看法。

选C的人：从小到大，你都觉得自己丑陋，无论是外表或是内

在。但是你相信只要付出与努力，绝对能让这个局面有所不同。

选D的人：你的自我感觉相当良好，但你却从来没有真正认清自己。自古以来，忠言逆耳，又有多少人能够看清自己呢？

心灵指导

美有两种，灵魂的美和肉体的美。聪明、纯洁、正直、慷慨、温文有礼都是灵魂的美，相貌丑的人也可以具备。如果不以貌取人，往往对相貌丑的人也会倾心爱慕。

有一天，美和丑在海边相遇了，她们不约而同地说："让我们一起下海洗澡吧。"于是，她们脱掉衣服，跳进海里游泳。没过一会儿，丑回到岸上，穿上美的衣服走了。

这时美也上岸了，她找不到自己的衣服，但是又羞于裸露身体，只好穿上丑的衣服离去了。

所以直至今日，男男女女都错把美当成丑，而把丑当成美了。然而还是会有人看见美的容颜，认出了她，尽管她穿着丑的衣服；有些人认出了丑的嘴脸，穿上美的衣服却没能逃过人们的眼睛。真正的美丽需要我们用真心去发现。

当亚当和夏娃在伊甸园中的湖水边看到自己裸露的身体时，他们对身体完全没有美与丑的概念，有的仅仅是灵魂的碰撞。伊甸园中没有美与丑的概念，天堂中也没有美与丑的标准，唯有在人间存在美与丑的标准。从古至今，人们对美的标准在不断地变化，唐代以体态丰盈为美，而现在以曲线玲珑为美。想要一直留住外在的容貌美，那是不可能的。即便在科学技术发达的今天，虽有很多的化妆品，但岁月无情，容颜终究会不在。

外表的美始终会有瑕疵。就连“沉鱼落雁，闭月羞花”的中国古代四大美人也是如此。沉鱼的西施以其绝美的容貌和体态获得世人称赞，素为“四大美女”之首，但是她的脚却很大；落雁的王昭君是四美中最端庄智慧的，但是她天生肩膀窄小；闭月的貂蝉长着一对招风耳；羞花的杨玉环富贵而极具丰满之美，但是她却有狐臭。

人的美与丑不重要，关键是要有自信。心灵美才是最重要的，要摆正心态。在这个世界里，大自然孕育了美丽的蝴蝶，也孕育了丑陋的苍蝇；孕育了芳花，也孕育了毒草；给予人生喜悦，同时又给予人生遗憾。

用特长去营造最美的世界

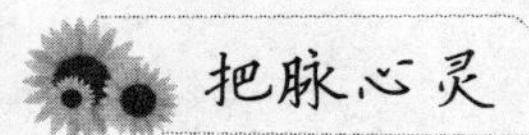

每个人都有自己的专长特点，如何发挥好这些潜在的专长呢？你具有哪些潜在的特长呢？下面我们一起来做个测试，看看你的特长是什么吧！

1. 一看到对方的脸就知道他（她）对你有没有好感。

是→ 2. 不是→ 3.

2. 休闲的时候与其看电视，不如看书。

是→6. 不是→5.

3. 不论是游泳还是一般球类运动，都比较擅长。

是→4. 不是→5.

4. 对读书或工作以外的事情缺乏兴趣。

是→8. 不是→7.

5. 你对计算机、网络、手机什么的都蛮有想法的。

是→6. 不是→7.

6. 在准备充分的情况下，你极有把握说服对方。

是→10. 不是→9

7. 初次相见就有人被你电到，还请你吃饭。

是→C. 不是→9.

8. 一旦决定要做的事就绝不会半途而废，一定坚持到底。

是→D. 不是→7.

9. 你觉得自己的文笔还不错。

是→C. 不是→B.

10. 别人用英文跟你交谈，你有自信对答如流。

是→A. 不→B.

心灵分析：

A：你的特长就是你的口才，能够把黑说成白。

B：你的特长就是具有很强的创新能力，只不过你现在还没有发掘出自己的潜力而已。

C：你的特长就是擅长交际，在社交方面，你能应对自如。

D：你的特长就是处事不惊，在工作当中你总是充满了活力，蓄势待发。

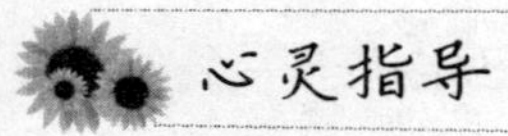

心灵指导

所有的成功者都有一个共同的特性，那就是善于根据自己的特长去确立自己的人生目标和奋斗方向，并设法避开自己的不足，这样做会让他们最终成就一番事业。定位决定一个人一生的发展轨迹，能改变一个人的命运。因此，人们要想有很好的发展，给自己准确全面地定位是至关重要的。

有一个乞丐，他除了经常到各个店铺乞讨外，还会到地下通道卖钥匙链。有一天，一个商人路过地下通道，看见乞丐面前放着一个碗，就掏出几枚硬币放在碗里，然后匆匆离开了。

没过多久，商人又回来了，他对乞丐说："很抱歉，我刚才有点儿急事，就匆匆走开了，我现在回来取我的钥匙链。我们都是商人，既然给了钱，我就该得到相应的商品，你给我一款卖得比较好的吧。"

乞丐从自己的钥匙链中选择了一个，递给商人，问他是否满意自己推荐的那个，商人说："不错，你很有眼光，这个正是我想要的，谢谢！"拿到属于自己的钥匙链，商人离开了。

几年之后，那位商人参加一次很高级的酒会。在他不停地向自己的商业朋友敬酒的时候，一位衣冠楚楚的老板走上前来向他致谢，并很感激地说："您还记得我吗？我就是当初在地下通道卖给您钥匙链的那个乞丐。我知道那个钥匙链对您来说没有一点儿用处，但是您的行为改变了我的生活和命运，我有今天，完全是得益于您。”

这个故事告诉我们一个道理：如果你把自己定位于一个乞丐，你就是一个乞丐，只能靠乞讨过日子；当你把自己定位成一个商人，你就是一个商人，可以通过努力把自己的生意做大。

因此，我们应该学会恰当地给自己定位。给自己定位时，要遵循一条原则：无论做什么，都要选择自己最擅长的。只有用自己的特长去做事，才能最大限度地发挥自己的潜能，调动自己的积极性和进取心，并把自己的优势发挥得淋漓尽致，从而获得成功。

许多人的成功就得益于他们能找到自己的特长，并根据自己的特长给自己准确定位，最终找准真正属于自己的发展方向。在现实生活中，很多人可能对自己的特长认识得不够充分，有时甚至忽视了自己的长处，导致做事失败。失败后发现自己原来比别人更有优势，就会很懊恼，从而产生焦虑情绪。这种人之所以焦虑是因为没有找准自己的位置，忽视了自己的特长，用短处去做事。

李华毕业于国内一所著名的工程学院，毕业后，他很顺利地找到一份专业对口的工作。由于在学校里学习用功，所以专业知识比较扎实，工作起来还算得心应手。但是，几年后，他发现自己越来越力不从心。他已经升到工程师了，但是自己的很多想法却与手下的实习生并无多大差别，这让李华很焦虑。他审视了一下自己，感觉自己性格外向，富有亲和力，喜欢四处走动关系，工作中的难题可以得到别人的支持和帮扶，不应该出现这种对工作力不从心的状况。从此，李华开始严于律己，再也不是当初那个性格外向的李华了。他按部就班地工作，但是焦虑的情绪一直伴他左右，工作效率越来越差，最后他不堪忍受工作带来的痛苦，辞职了。

辞职在家休息了一段时间后，生活的压力让他必须尽快找一份新的工作。他抱着试试看的心态到一家房地产公司面试，结果被录用了，他成了一名销售经理。连自己都没想到的是，他的特长渐渐得到发挥，能说会道的他又恢复了往日的性格。不到两年的时间，他就成了一个颇有成就的职业经纪人。

如果现在的工作让我们感到力不从心，很有可能是因为那份工作不是自己所擅长的。如果一个人不了解自己的特长或者把自己的位置放不对，就永远不会有所成就。相反，如果找到自己的特长，以特长求发展，就会挖掘出自己的潜能，让自己更容易取得成功。在职业生涯方面，我们要扬长避短，不管做什么事情，都不要抛弃自己的特长。

善待自己的心灵家园

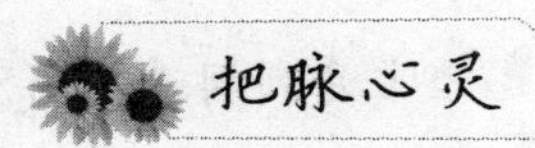

把脉心灵

每个人都需要善待自己，不管是身体上还是精神上，都需要呵护。你对自己的态度如何，你足够爱自己吗？测试一下吧！

测试题目：假如你刚刚与朋友吃完火锅，但是半小时后你要去约会，你会怎样快速消除身上的火锅味？

A. 火速回家洗澡换衣

B. 用随身带的香水猛喷一身

C. 去附近发廊洗个头

D. 去服装店新买一套衣服换上

测试结果：

选A：你往往看不到自己的优点，总是在看自己的缺点。当然自大自负不是什么好事儿，但有时候，自大的人往往比脚踏实地的人更有自信。自信能令一个人更加优秀，不妨多培养自己的自信心，多爱自己一点吧！

选B：你有很多优点，也许你认为自己的相貌不够完美，性格也并非无可挑剔，学识不算丰富，头脑不算聪明。这一切的一切都得不到满分，但总是能够得到80分的。你总是纠结于自己的某一方面，苛求自己达到完美。你还没有学会如何爱自己，让自己自信起来。

选C：在大多数人眼中，你可爱、单纯，然而你并没有正确地去爱自己。善于发现自己的优点是好事，对自己有自信心也绝对是好事，然而自信心过度了，就不是好事了。

选D：你的优点很多，但缺点也不少。你总是把注意力集中在自己的优点上，所以难免有些自恋。你觉得自己经常受到周遭人的羡慕和妒忌，听惯了夸赞的话，你变得有些自大自负。然而，自大自负就是你最大的缺点。看看自己的缺点，你会发现原来自己有很多地方需要改正。

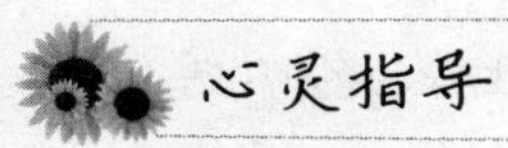

心灵指导

善待自己，爱自己是一门艺术，需要用心培养。

日常生活中，经常能听到诸如“我不行”“我做不好”“我怎么总是比别人差”这些口头禅式的话语，这些人在生活中一定充满了悲观情绪。过去的失败经验会使人产生自我否定的心理，人们开始自责自怨，甚至会轻视、亏待、奴役、委屈、束缚、作践及压抑自己。

那么，如何去善待自己呢？

首先，要养成爱自己的习惯。因自卑就产生于不爱己而爱他的过程中。在这一过程中，自信、理想、信念、主见及创造的精神等也会随之消失。

其次，不妨让自己换个心态。自卑的人经常对自己说“不”，但他们并不能从贬低自己、自我否定的过程中得到快乐，而是内心变得更灰暗。换个心态，或许就会出现转机。

最后，多给自己积极的心理暗示，剔除消极的心理暗示。经常贬低、否定自己就意味着到处向人说明自己真的比别人差。如，向别人说自己“不美”，或许就是在证明自己真的“不美”。因而，要学会鼓励、赞美自己，少说直至不说“不”。

黄美廉，一个从小就患了脑性麻痹的残疾者。脑性麻痹夺去了她肢体的平衡感，也夺走了她发声讲话的能力。从小她就活在诸多肢体不便及众多异样的眼光中，她的成长充满了血泪。然而这些外在的痛苦并没有击败她内心奋斗的激情，她昂首面对，迎向一切不可能，终于获得了加州大学艺术博士学位。她用她的手当画笔，用色彩告诉他人“寰宇之力与美”，并且灿烂地“活出生命的色彩”。

站在台上，她不时地挥舞着双手；仰着头，脖子伸得好长好长，与她尖尖的下巴扯成一条直线；她的嘴张着，眼睛眯成一条线，扭曲地看着台下的学生；偶尔她口中也会咿咿呀呀的，不知在说些什么。她基本上是一个不会说话的人，但是，她的听力很好，只要你猜中或说出她的意见，她就会乐得大叫一声，伸出右手，用两个指头指着你，或者拍着手，歪歪斜斜地向你走来，送给你一张用她的画制作的明信片。

“黄博士，”一个学生问她，“你从小就长成这个样子，请问你怎么看你自己呢？你都没有怨恨吗？”

“我怎么看自己？”美廉用粉笔在黑板上重重地写下这几个字，字迹很深很重。写完这个问题，她停下笔来，歪着头，回头看着发问的同学，然后嫣然一笑，回过头来，在黑板上龙飞凤舞地写了起来：

（1）我好可爱！

（2）我的腿很长很美！

（3）爸爸妈妈这么爱我！

（4）上帝这么爱我！

（5）我会画画！我会写稿！

（6）我有只可爱的猫！

（7）还有……

看到这些话，所有人都沉默了。面对众人的沉默。她在黑板上写下了她的结论：“我只看我所拥有的，不看我所没有的。”

有多少人像黄美廉一样真正给过自己掌声？我们要珍惜自己所拥有的一切，而不是在盲目与人攀比的过程中迷失自己。

如果想要别人喜欢自己，那么自己就应当先爱自己，欣赏、聆听自己。很难相信，一个连自己都不会去爱的人会得到他人的爱。

不要做内心敏感的人

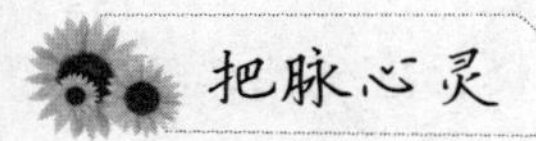

把脉心灵

你是个极其敏感的人吗？你对什么事情都很在乎吗？你什么都放不下吗？下面一起来测测看，你的敏感程度是怎样的吧！

1. 忽然发现恋人竟做出十分庸俗的事，你会感到幻想破灭，并坚决地抛弃恋人吗？

2. 你讨厌长舌妇，而你又散布毫无根据的谣言。

3. 别人指出你事情处理不妥，你是否会找一串理由加以申辩？

4. 哪怕是与最好的朋友辩论，你也始终认为自己是正确观点的持有者，是吗？

5. 你是否喜欢向别人不厌其烦地详细叙述你遭遇的一件小事情？

6. 与陌生人同乘公交，你看到她用手背触了一下鼻尖，你会疑心她在嫌弃你的气味吗？

7. 老板在批评一件事，你会认为他在说自己吗？

8. 你叙述了一件亲身经历的事给大家听，大家觉得可笑。这时你会继续举出一系列的证据务必要大家相信那是真实的吗？

9. 你为别人提供服务或帮助后，是否常常抱怨人家给你的酬谢太少？

10. 大街上，你隔着一段距离朝朋友热情地打招呼，他没有马上作出反应，你是不是会想："他为何这般当众羞辱我，难道我得罪他了吗？可恶。"

说明：回答"是"计8分；回答"两者之间"计5分；回答"不是"计3分。

心灵分析：

70分以上：为过分敏感者。你神经异常敏锐，感受性又很强，他人的亲切和恩情，或外界的冷酷，都会在你的心中烙下不可磨灭的印记。

40～69分：属敏感性中等者。比起"过敏"者，你受伤害的机会少多了，你的戒备心理也不是很强，不过你仍高于一般人的敏感程度；有时，你偶尔会神经质一下。不要紧，学会漠视一些无关紧要的东西，情况会好起来。

39分以下：是敏感程度较轻者。敏锐的感受力与你无缘，同时也替你屏蔽了世间的苦难与伤害，你比他人可能活得更幸福。

心灵指导

敏感，在心理学上又称感知敏锐。适度敏感是正常的，尤其是正处于自我意识蓬勃阶段的人，对外界的刺激更加敏感，这是非常普遍的性格特征。但是，有些人却会因过度敏感而产生自卑情绪。

过度敏感的人的感情比较脆弱，别人不经意的一个动作或者一句话，往往就会引起他们的过分恐慌与不安。过度敏感的人都有一种自贬自责的倾向，一个小小的挫折都会引起内心的躁动，随即开始怀疑自己的能力，进而变得自卑。于是，他们认为所有外界的批评都是有道理的、应该的，一切都是自己的错，换一句话说就是：自己没有一个优点，太过平庸，很愚蠢，等等。

这天，乔治敲开了布鲁克教授的门。原来，乔治在为自己的敏感而苦恼。

乔治告诉教授，念初中时，他就是一个性格内向、沉默寡言的人，不喜欢与别人沟通。这种状态持续到现在，乔治发现自己越来越敏感，很在乎别人的评价，对别人的每一句话都会进行揣摩。前段时间，乔治所在的班级进行了班委选举，乔治落选了，这让他痛苦万分。接下来的几天他心情都很抑郁，只要一看到同学聚在一起，就觉得他们是在议论自己。有同学微笑着对他说："加油哦，大明星，下回你一定能选上！"这寻常的鼓励，在乔治听来，竟有讽刺挖苦的味道。

引起乔治敏感困惑的原因是什么呢？心理学家指出，引发人们这种过度敏感的原因在于：一些人生性脆弱，疑虑心重，经受不住打击，往往细小的刺激就会引起他们紧张的情绪；在早期体验上，这些人受到父母的过度呵护，没有学会积极的心理保护意识和方法；同时，在个性特点上，他们还没有养成宽容的气度，喜欢斤斤计较、钻牛角尖等。

人是有感情的动物，有时会因别人的言语受到伤害。但是，是否被伤害最终取决于自己。如果自己总是控制不住情绪，容易感觉受到伤害，那很可能就是过度敏感。

心理过于敏感会导致人们变得自卑，并且承受能力差，微小的刺激（一句平常的话，一个平常的小动作，一个平常的眼神）就能引起内心严重的不安，终日生活在“防御”状态之下。要及时克服极度的敏感，不妨从以下几个方面着手。

1. 要勇敢迎接别人的眼光

在生活中，很多人习惯以别人的评价为转移。这种人长期跟着别人转，久而久之就会养成过分敏感的性格。因此，要避免这种“过敏心理”。如果别人以异样的眼光盯着你，你不必局促不安，也不必神情窘迫，唯一的应对办法是——勇敢地迎接别人的目光。久而久之，你就会发现自己可以自如地生活在千万束目光织成的人生网格里了。

2. 要正确地认识自己，不断地充实自己

要知道，我们每个人都是不可替代的，但也没有一个人能事事出人头地。因此，我们要有从大处着想的胸怀，敢于公开自己的优缺点，而不要尽力去遮掩，要有“走自己的路，让别人说去吧”的勇气。有优点敢于适时发扬，有缺点敢于改正，不断往好的方向发展，不断充实自己。

3. 多参加集体娱乐活动或读读自己感兴趣的书籍

当有“敏感”干扰时，可以用松弛身心的办法来应对。要学会自我暗示，转移注意力，如转移话题、有意避开现场等。坚持进行体育锻炼，也有助于防止“心理过敏”。

生活中，敏感的人经常为小事苦恼，遇到小事容易反复去想。

对于一些小事，别太过分敏感。当你调低自己的敏感值之后，自卑的情绪也就远离你了。

不要认为自己不可能

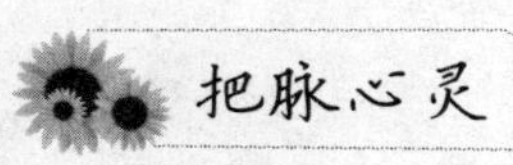

生命本身就是一个奇迹，每个人的心中都蕴藏着无限的潜能。只要用心去做，一切皆有可能，回答下面的问题，在“□”处打“√”。

1. 你相信自己今后能成为大老板吗？

是□　　　否□

2. 你相信自己能够有所作为吗？

是□　　　否□

3. 面对不可能的事，你会继续坚持吗？

是□　　　否□

4. 你经常在生活中说“不可能”这三个字吗？

是□　　　否□

如果在以上的问题中，回答“是”的有一半以上，那说明你是个善于否定自我的人。

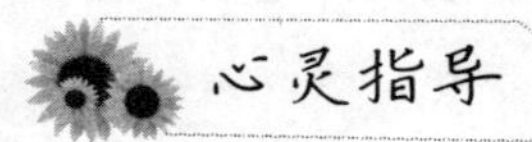

心灵指导

我们的能量来自自然的恩赐，而自然对于我们来说，仍是一个未知数。无法认识自然也就无法知道我们自己的潜能。任何事情都“非做做看不可，否则不能说不能”。

美国作家杰克·伦敦的著作《热爱生命》中有一段关于人与狼搏斗的精彩片段：

“那只狼始终跟在他后面，不断地咳嗽和哮喘。他的膝盖已经和他的脚一样鲜血淋漓，尽管他撕下了身上的衬衫来垫膝盖，他背后的苔藓和岩石上仍然留下了一路血渍。有一次，他回头看见病狼正饿得发慌地舔着他的血渍，他不由得清清楚楚地看到了自己可能遭到的结局，除非他干掉这只狼。于是，一幕从来没有演出过的、残酷的求生悲剧开始了：病人一路爬着，病狼一路跛行着，两个生命就这样在荒原里拖着垂死的躯壳，相互猎取着对方的生命……靠着顽强的求生欲望，他最终用牙齿咬死了狼，喝了狼血，活了下来。”

人们通常只发挥出了他个人能力的1/10，而在受到了重大的挫折和刺激之后，才能将大部分或者全部隐藏的能力爆发出来。所以，我们常常看到一些过去碌碌无为的人，在经历了一些生活的苦痛和精神上的折磨之后，会突然爆发出很大的潜能，做出很多让人意想不到的事情来。

自信所产生的力量是强大的。如果你充满了自信，就不会总说“我不能”，你身上的所有力量就会紧密聚集起来，帮助你实现理想，因为精力总是跟随你确定的理想走。

一定要相信“天生我材必有用”。关于信心的威力，并没有什么神秘可言。信心在一个人成就事业的过程中是这样起作用的：相信“我确实能做到”时，便产生了能力、技巧与精力这些必备条件，即每当你相信“我能做到”时，自然就会想出“如何去做”的方法。

一位撑竿跳选手一直苦于无法超越一个高度，他失望地对教练说：“我实在是跳不过去。”

教练问：“你心里在想什么？”

他说：“我一冲到起跳线时，看到那个高度，就觉得我跳不过去。”

教练告诉他：“你一定可以跳过去。把你的心从竿上撑过去，你的身子就一定会跟着过去。”他撑起竿又跳了一次，果然一跃而过。

我们每个人都是一个撑竿跳选手，而我们一次次跳过的是“我不能”的精神障碍。相信自己有能力做好身边的每一件事。只有树立这样的信心，才可以走出消极心理的圈子，走上成功之路。所以，想要人生按照自己设定的方向行走，想要生命中所有的潜能都爆发出来，就要敢于打破心中的枷锁、突破自我。

在这个世界上没有什么不可能，只要我们敢想、敢去闯，只要我们有智慧、有毅力，有让人敬重的品质，那些令人望而生畏的“不可能”也会被我们彻底征服。

成功的字典里没有“我不能”，经常告诉自己“我能”，就会在心里形成一种积极的暗示，很多看似超越自身能力所及的事情也可以顺利完成。

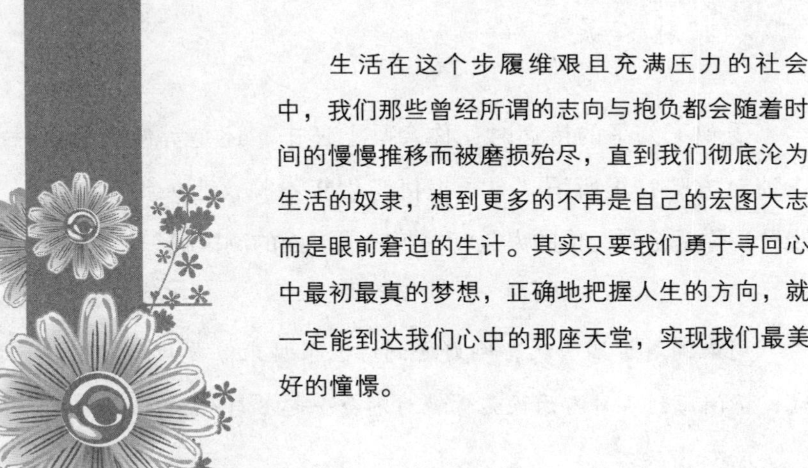

第九章

不可不学的心灵素颜秘方

生活在这个步履维艰且充满压力的社会中，我们那些曾经所谓的志向与抱负都会随着时间的慢慢推移而被磨损殆尽，直到我们彻底沦为生活的奴隶，想到更多的不再是自己的宏图大志而是眼前窘迫的生计。其实只要我们勇于寻回心中最初最真的梦想，正确地把握人生的方向，就一定能到达我们心中的那座天堂，实现我们最美好的憧憬。

秘方一：以豁达之心走人生之路

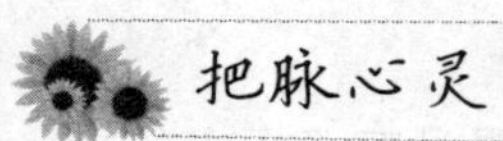

把脉心灵

受到不公平的待遇时，你会马上还击，还是等候良机再一举击溃对方呢？正所谓“君子报仇，十年不晚；小人报仇，从早到晚”！你是个爱记仇的人吗？一起完成下面的测试吧！

周末到游乐园去玩，刚好遇到综艺节目录像要找游客搭档玩游戏，请问下列哪种游乐设施你绝对不会一起参与？

A. 云霄飞车

B. 旋转木马

C. 鬼屋

D. 海盗船

E. 摩天轮

心灵分析：

选A：你是一个“今日事，今日毕”的人，当下所受到的压力或委屈，你一定马上解决或发泄，绝不会拖延到隔天。

选B：表面看来大方不计较，但其实你还是会记仇的，尤其讨厌被人占便宜，一旦被某人如此对待过，便会一辈子记着。

选C：你是个会记仇的人，但也很容易忘记。

选D：记仇王的头衔非你莫属！嘴巴上都说“没关系，我知道你不是故意的”。但其实心里超级在意。

选E：你觉得记仇实在是太小鼻子小眼睛了，你的行为不是记仇是在主持正义，因此别人的所作所为你都会记住，但是你通常都记不久也很快就被转移，甚至常常有了新仇就忘了旧恨，时间一久你连当时对方到底得罪了你哪里，你也都不记得了。

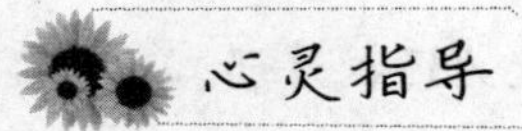

心灵指导

记仇的人一般心胸都比较狭窄。一个豁达的人，不钻牛角尖，不会小心眼儿，也不会记仇，更不会为了面子伤人害己。

张力和王宇是被公司最为器重的两个年轻干部，不过两个人的性格却迥然不同。

张力为人低调，沉默寡言。他总是喜欢独处，和同事们的日常交流也不多。但张力的大局观很强，对业务数据出现的变化总是有极其敏锐的观察。经张力编写的业务分析报告，对公司的经营总是很有实际的指导意义，各分公司经营中遇到困难也都喜欢听听张力的意见。

而王宇为人高调张扬，性格外向活泼，工作之余总是叫上几个同事谈笑风生。他有很多特长，公司的联欢活动中，他不仅担任主持，还要同时参演好几个节目。他口才一流，又精于处世之道，公司的各种外事活动总是安排王宇负责接待，有些重要的谈判王宇也会参与其中。

根据发展需要，公司准备从他们两人中提拔一名做公司的副总。经过领导层的协商，这次考虑提拔的人选为张力。王宇听说了这件事，心中很是不满，在他看来，为人呆板的张力根本不适合做公司的副总。

在员工的全体会上，王宇很直接地提出了反对意见。他指出，张力虽然业务能力突出，可是处理人际关系是他的致命弱点。作为公司的副总，不仅要求自身有很强的工作能力，还要能够带领公司的员工一起努力，协调诸多方面的关系，保证公司在发展的过程中不会出现不和谐的声音。在这个方面，张力的能力还很薄弱。

王宇的直言不讳让众人哑口无言，场面极其尴尬。但在王宇看来，为自己的前途和公司的命运着想，即使言语过激，自己也能心安理得。幸亏经验老到的领导们打了圆场，草草结束了会议。对此，张力的脸上没有半点儿愠色，反而带着一丝淡淡的微笑。会后，王宇还给领导层写了一封公开的长信，其主旨还是关于张力担任公司副总的种种弊端。这让很多本来喜欢王宇的同事对他心生厌恶之感。

更令大家没想到的是，张力也主动找到了公司领导，他觉得王宇提出的问题在他身上确实存在，自己的条件也的确还无法满足公司副总的要求，请求领导暂时不要考虑让他升职。

事情过去之后，同事们在工作中发现，张力的工作热情有增无减。更难能可贵的是，他开始主动找同事们沟通一些工作中的问题，人也开朗了许多。在公司举办的一次跳绳比赛中，张力虽然只是最后一名，但是他能出现在赛场上已经让人感到十分意外了。

张力的改变让每一个人都倍感欣慰，除了王宇。这时恰逢公司的销售总监因健康问题辞职，公司准备从内部重新提拔一位公司销售总监。在全体会上，公司领导让大家广泛提名、充分讨论。谁都没有想到，张力第一个发了言："我认为，最适合销售总监职位的人莫过于王宇，他性格外向，又有闯劲儿，而且还有着很强的开拓创新精神，特别是他对公司各方面的情况都十分了解，与兄弟公司和大部分客户都保持着很好的人际关系。我推荐王宇。"

张力的话，竟然让大家情不自禁地为他鼓起掌来，而王宇却惭愧得低下了头。

俗话说："人生不如意事十之八九"，生活里少不了磕磕绊绊，少不了恼人的烦心事。如果为这些生活的小事斤斤计较，我们的人生只会变得阴暗，没有机会冷静地审视自我，那样终将一事无成；如果有一颗豁达的心，不把那些鸡毛蒜皮的小事放在心上，会让我们免受很多不必要的困扰，把更多的时间花在更有意义的事情上，用更多的精力去追求自己的理想，定能让人生充满阳光。所谓"任凭风浪起，稳坐钓鱼船"，就是这种境界。

一个豁达的人，笑看人生，轻松从容，遇事从不暴跳如雷或是大喊大叫；一个豁达的人，即使面对他人的指责，也能虚心接受，多从自身找问题。大智若愚是一种人生智慧，无为而治更是一种难得的人生境界。

这样的人生，难道不足以让我们向往吗？

秘方二：虚心方能容人

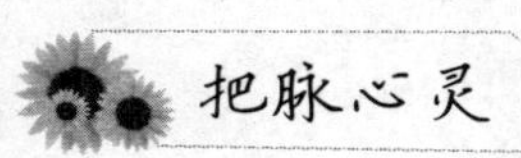

把脉心灵

在我们的日常工作和生活当中，谦虚的表现有很多种，通常比较集中在以下几个方面。如果你具备两条以上，就说明你是个谦虚的人。

1. 能摆正自己的位置，恰如其分地放低自己。

是□　　　否□

2. 适当表现自己的不完美。

是□　　　否□

3. 敢于表现自己的不完美是好事而不是坏事。

是□　　　否□

4. 遇到表扬时，取得成绩时，不自满，不自夸。

是□　　　否□

5. 遇到批评时，他人有更好的建议时，能够接受批评，采纳更好的意见。

是□　　　否□

心灵指导

一个虚心的人，往往可以受到更多的教诲，得到更多的东西，取得更大的成功！

虚心就是不自满，就是敞开胸怀，能学他人之长，反省自己之短。

“虚心方能容人，虚心方能容物。”只有自觉不满才能敞开心胸去容纳更多的事物。相反，如果一个人自满，便再也容不下新的东西。没有多大容量，就成不了大器。

一个满怀失望的年轻人千里迢迢来到一位知名画家的家中，他对画家说：“我一心一意要学丹青，但至今都没能找到一个能令我满意的老师。”

画家笑了笑问：“你走南闯北十几年，真没能找到一个可以做你老师的人吗？”

年轻人深深叹了口气说：“许多人都是徒有虚名啊，我见过他们的画，有的人的画技甚至不如我呢！”

画家听了，淡淡一笑，没再说话，只是请他坐下喝茶。年轻人坐下，画家开始往年轻人的杯子里倒茶，越倒越多，杯子满了，画家也没有停下来的意思。年轻人急忙说：“满了，满了。”画家像没听到一样，继续向杯子里倒茶，杯子里的茶水溢了出来，年轻人连说：“您没看到杯子已经满了吗？”

画家住了手，淡然一笑说：“你也知道满了不好再倒，可你自己就像这只杯子一样，里面已装满，你若不先把自己的杯子倒空，怎能装下别人给你的新茶呢。”

年轻人的心里没有容量，因而如故事中的茶杯一样，不但他的心中装不下任何新的东西，而且他的眼里也看不到可容纳为已有的东西。“学而始知不足”，知道不足才能好学，才能进步。器量不断增加，成就也不断增大。

著名艺术家梅兰芳是中国戏曲艺术的伟大代表，他的艺术高雅脱俗，有独特的气质韵味，人们用“大气、大度、大方”来形容“梅派”艺术。

梅兰芳是一位谦虚有德的艺术家，他就是靠着虚心好学，一点一滴地积累文化底蕴，才成为中国戏曲界的大家。

梅兰芳广拜名师，向秦稚芬、胡二庚学花旦戏，向陈德霖学习昆曲旦角，向乔蕙兰、李寿山、陈嘉梁、孟崇如、屠星之、谢昆泉等人学习昆曲，向茹莱卿学习武功，向路三宝学习刀马旦，向钱金福学小生戏，也曾受教于王瑶卿。在与这些技艺非凡的名演员合作过程中，广泛汲取中国戏曲艺术的精华。在很多传统剧目的演出中，他都虚心听取意见，以创新的理念去填补艺术空白，使旧戏焕发出新的艺术意味。

梅兰芳除了能虚心向同行学习，听取同行的意见，还认真采纳广大观众的意见。

有一次，梅兰芳在一家大戏院演出京剧《杀惜》，演到精彩处，场内喝彩声不绝。这时，从戏院里传来一位老人平静的喊声：“不好！不好！”梅兰芳寻声望去，见是一位衣着朴素的老人。于是，戏一落幕，梅兰芳就用专车把这位老先生接到自己的住处，待如上宾。

梅兰芳恭恭敬敬地说："说我孬者，吾师也。先生言我不好，必有高见，定请赐教，学生决心亡羊补牢。"老者见梅兰芳如此谦恭有理，便认真指出："惜姣上楼与下楼之步，按'梨园'规定，应是上七下八，博士为何八上八下？"梅兰芳一听，恍然大悟，深感自己疏漏，低头便拜，称谢不止。以后每每演出，必请老者观看指正。

梅兰芳的谦虚大度，不仅使自己的艺术造诣更进一步，也使自己的德行操守胜人一筹，受人敬重。

海不辞水成其大，山不辞石成其高；虚心才有容，有容方成大器。一个人越虚心，心胸越开阔，装载的容量越大，就越能成大器。

秘方三：学会自嘲

把脉心灵

自嘲既可化解尴尬，又能彰显幽默，是人际关系中的润滑剂。不过取笑自己可是需要良好的自我认知和自我尊重的，来看看你是否掌握了这门棘手的艺术吧！

1. 你说的笑话没人笑，你会：

A. 当场脸红

B. 安慰自己说，这个笑话确实没那么好笑

C. 下定决心不会再说了

2. 心理教练让你列出自己的三个主要缺点：

A. 你说的时候犹豫不决

B. 你非常顺利地回答了他

C. 你说出了五个

3. 新来的同事特别能推销自己：

A. 你很嫉妒

B. 你觉得这有点儿悲哀

C. 下次有机会你也这么做

4. 伴侣发现你有一句口头禅：

A. 你该用的时候还会用

B. 你故意整天都说那句

C. 你让情侣在你下次说的时提醒你

5. 最拿手的甜点没做好，看起来很不好看，你会对客人说：

A. “没事，你们也可以不吃。”

B. “这比我预计的还糟。”

C. “我从来都没失败过，不知道怎么了。”

6. 失败的时候你会说什么？

A. 意料之中

B. 真不走运

C. 人总会有输的时候吧

7. 在你看来，自嘲也是：

A. 掩饰真正的缺点

B. 操控他人

C. 秀自己

8. 总体来说，你对事物的敏感度：

A. 很高

B. 适中

C. 几乎为零

9. 你发现自己被拍摄得很糟糕，你会：

A. 把它删了

B. 你加了点搞笑图文发出来

C. 你和家人、好友对此嘲笑一番

心灵分析：

选A最多：你贬低了自己。你的自嘲实际上是自我贬低。

选B最多：你拒绝自嘲。对你来说，生活是严肃的，你绝对不允许以轻松的方式来对待诸如性格、错误这样重要的问题。

选C最多：你懂得自嘲。紧张地颤抖、遭遇挫败、体重上涨、喋喋不休……你总是有这么多笑料可以分享给身边的人。

心灵指导

嘲弄他人是缺德，嘲弄自己就是美德。一个会自嘲的人往往是一个富有智慧和情趣的人，也是一个勇敢和坦诚的人。自嘲是一种鲜活的人生态度，它让原本沉重无比的人生刹那间变得轻松无比，让不快与烦恼都烟消云散。

宋代的大词人苏轼说：“人有悲欢离合，月有阴晴圆缺，此事古难全。”也就是说，在人生漫长的旅途中，谁都难免会有失误，谁身上都难免会有缺陷，谁都难免会遇上尴尬的处境。在面对这些时，有的人故意遮掩，有的人无端辩解。其实越是遮掩，心理越是失衡；越是辩解，就会越辩越丑。最佳的办法是学会嘲笑自己，只有学会自嘲调侃，才能变被动为主动，寻找内心的自在与平静，保持心理平衡，为战胜挫折，为健康充实快乐地活着而积聚能量。可以说，低调的人往往都是善于自嘲之人。

在后晋时期，有一个叫梁颢的文人，他少年时曾立下誓言：不考中状元誓不为人。结果他一直时运不济，屡试不中，受尽周围人的讥笑。但是，梁颢并不在意，他总是自我解嘲地说，考一次就离状元近了一步。他在这种自嘲的心理状态中，从后晋天福三年开始应试，历经后汉、后周，直到宋太宗雍熙二年才考中状元。他写过一首自嘲诗："天福三年来应试，雍熙二年始成名。饶他白发头中满，且喜青云足下生。观榜更无朋侪辈，到家唯有子孙迎。也知少年登科好，怎奈龙头属老成。"会自嘲使梁颢走过了漫长的坎坷之路，终于走向成功；会自嘲也给他带来了长寿，活过了古代难以逾越的九旬高龄。

这就是人们常说的自嘲有益于身心健康。是啊，世上的事情纷繁复杂，生活中我们难免会遇到一些令自己难堪事情，有些人为了掩饰这些事情，于是，开始心虚地吹嘘，但结果往往是让人小看了。而自嘲的人干脆将自己的缺点和这些事情袒露无遗，自己落个坦然的同时，还能得到别人的理解。

在某大学的一次舞会上，有一个个头偏矮的男孩去邀请一位身材高挑的女孩跳舞。那女孩无礼地拒绝说："我从不与比我矮的男人跳舞。”男孩子听了没有恼火，也没有指责对方，而是淡淡一笑，以自嘲的口吻说：“我真是武大郎开店，找错了帮手！”

女孩听后脸立刻红了，反而不自然起来。自嘲使男孩走出窘境，保持了心境的平衡，而且还把尴尬抛还给了那个伤害自己的女孩。

勇敢地嘲笑自己的缺点，朝更美的方向努力，这就是自嘲者的人生态度。自嘲具有干预生活和调整自己的功能，它不但能给人增添快乐，减少烦恼，还能帮助人战胜自卑的心态，摆脱心中种种失落和不平衡，从而获得精神上的满足和愉悦。

美国有一个著名的演说家名叫罗伯特，他头秃得很厉害，头顶上几乎就没有什么头发。在罗伯特过生日那天，他请来了许多朋友为他庆贺，妻子悄悄地劝他戴顶帽子。罗伯特却大声说：“我的夫人劝我今天戴顶帽子，可是你们不知道光着秃头有多好，我是第一个知道下雨的人！”这句罗伯特嘲笑自己的话，一下子使气氛变得轻松起来。

生理上的缺陷常常使人感到自卑，这样心理也会很容易失衡。但是，我们从不少名人身上发现，人有了自卑感，同时也要产生出一种不断地弥补自己弱点的力量。美国历史上最伟大的总统之一林肯，他从小就有自卑感，他就是通过自嘲来克服自卑、培养自信的。

林肯生来长相丑陋，可是，他从不忌讳这一点。相反，他常常诙谐地拿自己的长相开玩笑。

在一次美国总统竞选的活动中，林肯的对手攻击林肯，说他是两面三刀，搞阴谋诡计的人。这时，林肯指着自己的脸说：“让公众来评判吧，如果我还有另一张脸的话，我会用现在这一张吗？”

还有一次，一个反对林肯的议员走到林肯跟前挖苦地问："听说总统您是一位成功的自我设计者？"

"不错，先生。"林肯点点头说，"不过我不明白，一个成功的自我设计者，怎么会把自己设计成这副模样呢？"

林肯把生理上的自卑感转变成为他成功的动力。其实，学会自嘲终身都受用，当你在经济上受到不合理的待遇时，当你的生理缺陷遭到别人的嘲笑时，当你无端受到别人攻击时……你不妨采用阿Q的精神胜利法，以"吃亏是福""破财免灾"等话语自嘲一下你失衡的心理吧！

秘方四：不展现自己的小聪明

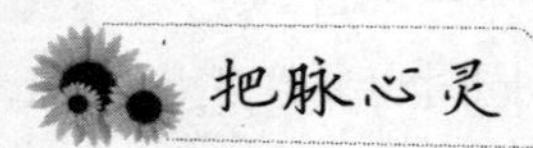

你是一个懂得察言观色的人吗？想知道自己耍小聪明的本事有多高吗？快来做做心理测试吧！

A = 1分　B = 2分　C = 3分　D = 4分

1. 春季，你会选择去哪一个国家度假？

A. 日本看樱花

B. 巴里岛做SPA

C. 泰国享受太阳

D. 黄金海岸逍遥游

2. 总觉得自己最近诸多不顺，朋友告诉你有一个占卜的方法很灵，你觉得这个占卜应该是什么形式的？

A. 求神问卜

B. 星座占卜

C. 心理测验

3. 算出来的结果说这三天之内，你将会有血光之灾，你会怎样？

A. 觉得不可能这么倒霉

B. 认为根本不准

C. 只能当作参考吧

D. 那就小心一点

4. 接着你一出门口就跌了一跤，你的反应是什么？

A. 认为只是巧合

B. 感觉大师算的真是准

C. 认为是自己走路不小心

D. 认为是血光之灾的预兆

5. 过了三天，你发现一点事也没有，你会有什么反应？

A. 还好大师有保佑我

B. 自己吓自己

C. 根本不准

D. 真准！下次一定要再去找他

6. 有一天，你的一张很丑的照片被人公开放在网络上，你会有什么反应？

A. 死都不承认那是我

B. 赶快想办法把照片删掉

C. 管它的

D. 大家看看无妨

7. 结果你开始接到许多朋友称赞的电话，说那张照片充满创意又很可爱，你会怎样?

A. 大方承认那是我

B. 不承认是自己

C. 假装不知道

D. 不知道是谁放的，但心中很高兴被称赞

心灵分析：

7～11分：小聪明指数15。你每次反应都会慢半拍，在重要场合时，你的小聪明会常常失灵，以至于你的小聪明只能用在简单的事上。

12～16分：小聪明指数50。你总是需要一个更聪明的人在你身边点你一下，你马上就可以举一反三，想到更多更棒的点子。虽然你的小聪明指数有50，不过往往你会得意忘形，很容易招致别人的忌妒!

17～22分：小聪明指数75。你是个很清楚自己要什么的人，因此你也知道自己该在何时装笨，该在何时拿出自己的小聪明为自己加分。

23～28分：小聪明指数95。你真是鬼灵精怪呀！你总是可以迎合别人的胃口，是个在职场上与感情上双赢的人，因为你懂得察言观色，了解别人的需求。

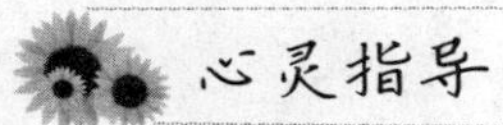

心灵指导

《呻吟语》中有言："精明也要十分，只须藏在浑厚里作用。古今得祸者，精明人十居其九，未有浑厚而得祸者。今之人唯恐精明不至，乃所以为愚也。"一个欲成大事的人绝不会去耍小聪明，炫耀自己的才能，以致遭嫉妒、吃大亏，早早地把机遇扼杀在摇篮里。

《菜根谭》中说："君子要聪明不露，才华不逞，才有肩鸿任钜的力量。"在我们的生活中，不少人总认为别人是"傻子"，经常卖弄自己的小聪明去戏弄对方。这不仅会招致旁人忌恨，并且也会使自己轻浮自傲。所以，一个人无论身处官场还是商场，都最忌一味地耍小聪明。那样不仅不会对你未来的发展有所帮助，反而会成为招灾引祸的根源。有这样一则寓言：

一天，老狮子病了，躺在洞里。森林里很多动物都去探望了它，但谁也帮不了它什么忙。有一天，狼对狮子说："狮王，您发现了吗？在您生病的这段时间里，狐狸一直没来看望您。可以看出，它对您一点儿也不关心，而在您身体健壮的时候，它是多么频繁地奉承您呀。"这时，狐狸碰巧走过来，听到了狼的话。狐狸把那长长的赤褐色的鼻子伸得很近："陛下，恐怕狼不大了解情况，我比任何人都关心您。狼在您身边喋喋不休的时候，我一直在四处奔走，为您寻找良药。""找到了吗？"老狮子急切地问。"对，确实找到了。我找到一位医术高明的医生，他说，您必须在身上披一条热的狼皮，这是使您病情好转的唯一办法。"狼还没明白怎么回事，狮子就跳起来把狼咬死了，为了得到它那热着的狼皮。“哈哈！”狐狸笑着说，“狼先生，你再也不会挑拨是非了。”

上面的寓言深刻地折射出生活中的道理：喜欢把别人当傻子，喜欢自作小聪明的人往往会自食其果。小聪明就是盲目自傲、自以为是、好大喜功的代名词。

伟大的戏剧家莎士比亚说：“我宁愿让傻子逗我开心，也不要让精明人令我伤悲。”这句话实在值得我们去深思啊！

秘方五：不做不清高的人

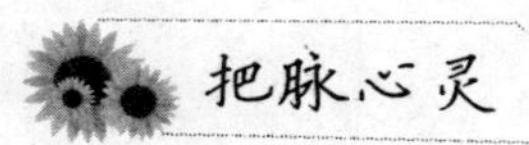

其实大部分的人都很讨厌假清高的人，因为别人会觉得他们很做作，今天就测验一下你的假清高指数到底有多高？

现在玩一个整人游戏，下列有五个罐子，每个罐子都有白色粉状的东西，你感觉自己会舔到哪一种东西？

1. 白色蜜粉

2. 白色细盐

3. 白色痱子粉

4. 白色细砂糖

5. 白色太白粉

心灵分析：

选1：你的假清高指数为40%。

这类人的性格特质就是爱情变性人，平常就是一板一眼，什么事情都有自己的原则，可是只要一谈起恋爱就会为对方做任何事情。

选2：你的假清高指数为55%。

这类型的人虽然表面看起来像是无辜的少女或少男，可是他们内心深处非常自信，非常成熟。

选3：你的假清高指数为99%。

这类型的人真的不知道自己的言行举止很假清高，可是旁边的人都会被他们气得半死，可是他们还觉得自己很可爱、很讨人喜欢。

选4：你的假清高指数为80%。

这类人的性格特质是外强中干，而且不喜欢输的感觉，所以有人在他们面前说大话的时候他们会变得更自大。

选5：你的假清高指数为20%。

这类人的性格很正直，当他们看不过去时就会主持正义。

心灵指导

《后汉书·班超传》中有言："今君性严急，水清无大鱼。"意思是水太清了，鱼就无法存身。这是饱经沧桑的前辈留给后人的一个办事准则。在处理人际关系的问题上，一定要铭记这一点。

明成祖时，广东布政使徐奇进京朝见皇上，顺便带了一些岭南的藤席准备馈赠给朝廷中的官员。不料，京城的巡逻官把这些藤席截获，并将徐奇馈赠礼品的人员名单呈给了明成祖。

明成祖反复看了几遍名单，见其中唯独没有太傅杨士奇的名字，觉得有必要问个究竟，于是立即召见了杨士奇。杨士奇解释说："当初徐奇受命赴广东任布政使，离行前众官员都作诗为他送别，所以徐奇这次回京特用藤席回赠。那一次臣正好有病在身，没有赠诗给徐奇，不然的话，我这次也在馈赠之列。今天众官员的名字虽然都在礼单上，但他们不一定会接受徐奇的礼物，再说藤席乃岭南特产，徐奇馈赠藤席只是为了表达谢意，不会有别的目的。"

杨士奇这番话讲得自然得体，明成祖对他的疑惑打消了，也原谅了徐奇，命人把名单烧了，从此再也没有过问此事。

在封建时代，皇权是至高无上的，"君疑臣必死"。如果杨士奇借此机会炫耀自己的清廉，不仅不会得到赞赏，而且会加重明成祖对他的疑心。杨士奇故意将自己牵扯进来，说明自己与别人没有什么不同，从而赢得了明成祖的信任。更妙的是，杨士奇此举不但挽救了自己，也免除了徐奇的祸事。

还有另外一件事：

刘睦是东汉明帝的堂侄，自幼好学上进，喜好结交有学问的名儒，长大后被封为北海敬王，忠孝仁慈，礼贤下士，深受百姓的爱戴。

有一年岁末，刘睦派一名官员去都城洛阳朝贺。临行前，他问这位官员："如果皇上问起我现在的情况，你想怎样回答呢？"

官员不假思索地说："您德高望重，忠心耿耿，是百姓的再生父母。下官虽然愚鲁，但此区区小事定能向皇上禀报清楚。"

刘睦听后，连连摇头：“你若这样说，就把我给害了！”见官员一副迷惑不解的样子，刘睦又接着说：“你见到皇上之后，就说我自承袭王爵以来，意志衰退，行动懒散，每日只知吃喝玩乐，对正业毫不用心。”

刘睦善于守拙，不想让皇上知道他是一个精明的人。因为在当时，凡有志向的皇室成员很容易受到朝廷的猜忌，弄不好就会招来杀身之祸。刘睦故作糊涂人，实在是明哲保身的妙计。

要知道，在整个社会中，除了一些特殊的人从事特定工作之外，一般人的工作都是很平凡的。虽然是平凡的工作，但只要努力去做，和周围的人配合好，依然可以做出不平凡的成绩。

你如果想在社会上有所成就，那么就要放下身段，也就是：放下你的学历、家庭背景、身份，让自己回归到“普通人”中，走你认为值得走的路。

秘方六：学会低调做人

把脉心灵

现代社会，处处充满竞争，高调的人比比皆是，然而能在这样的环境里仍然保持低调的人，是否有你呢？不妨做一下下面的测试。

1. 处事不张扬。家有喜事也不讲究排场。

□是　　□否

2. 不炫富。家有千金，外人都不清楚。

□是　　□否

3. 不夸口。就算自己很有能力也不炫耀，更不会夸夸其谈。

□是　　□否

4. 能冷静对待生活中的大起大落。

□是　　□否

心灵分析：

上述4项，你的回答都是“是”，说明你是个很低调的人。如果有一项不符合，那说明你要学着做个低调的人了。

心灵指导

真正有大智慧和大才华的人，必定是低调的人。低调的人，一辈子像喝茶，水是沸的、心是静的，一几、一壶、一人、一幽谷，浅斟慢品，任尘世浮华，似眼前不绝升腾的水雾，氤氲、缭绕、飘散。

有这样一个故事：

南美独立战争期间的一个冬天，在某兵营的一个工地上，一位班长正指挥几个士兵安装一根大梁：“加油，孩子们！大梁已经动了，再使把劲儿，加油！”

这时，一个衣着朴素的军官路过这里，见班长这个架势便问他："你为什么不和大家一起动手呢？"

"先生，我是班长！"班长骄傲地回答。

"噢，你是班长……"军官说了一声，立即下马，和士兵一起干了起来。

大梁装好后，军官对班长说："班长先生，如果您还有什么同样的任务，并且需要人手的话，您尽管吩咐本司令好了，我会帮助您的士兵的。"

班长顿时愣住了。原来这位军官就是南美独立战争的著名领袖和统帅——西蒙·玻利瓦尔。

在人类的发展史上，类似西蒙·玻利瓦尔这样的事例真是不胜枚举。低调似乎是世界上很多名人名士欣赏和采取的一种人生态度。低调不是虚假的谦虚，久之，虚假的谦虚会使人失去锋芒；低调不是刻意的沉默，久之，刻意的沉默会使人变得麻木；低调不是伪装的谨慎，久之，伪装的谨慎会使人扭捏作态。

低调是一种精于世事的生存方式，精于世事的人才能接纳异己、容蓄不同，给别人方便的同时也给了自己机会；低调是一种扎实稳健的进取过程，扎实稳健的人才能进退自如、八面来风，剔除了人生旅途的重重障碍，就是给自己邀来了胜利的缕缕曙光。

秘方七：粗茶淡饭才益身心

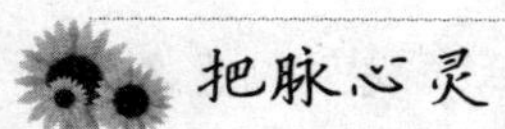

把脉心灵

你是什么性格的人呢？做下面的测试吧！

用下面的五谷杂粮做出的食物，你最喜欢吃的是什么？

A. 糯米

B. 小米粥

C. 绿豆糕

D. 面条

心灵分析：

选A：你属性格慢热型，但很稳重，有时候比较内向，很会享受生活。

选B：喜欢喝小米粥的人给以人暖暖的、黏黏的、温存的感觉，比较会浪漫，心思比较细腻，性格脾气也比较平和。

选C：你性格一般比较温和，比较崇尚、追求完美的生活，很善于寻求安慰和自我疗伤。有时候你心肠很软，听到别人几句好话，就丢掉了原则。

选D：你讨厌麻烦，追求简洁，单纯……不喜欢别人和自己绕弯子，属于简洁明了的性格。

心灵指导

以前人们生活水平不高，粗粮是主食，因而人们都盼着能吃上细粮；现在人们的生活好了，别说细粮，就是山珍海味也都吃得不耐烦了，反而回过头去想吃一些粗粮。忆苦思甜也罢，尝尝新鲜也好，但事实上，这些粗粮和天然的蔬菜不仅有利于人体营养的调配，更有益于人品行的修养。

人们常说："粗茶淡饭延年益寿。"那么粗茶淡饭到底是什么呢？营养学家研究发现，它并非大多数人所指的各种粗粮和素食。正确的理解应是以植物性食物为主，注意粮豆混食、米面混食，并辅以各种动物性食品，常喝粗茶。

所谓"粗茶"，是指较粗老的茶叶，与新茶相对。尽管"粗茶"又苦又涩，但所含有的茶多酚、茶丹宁等物质却对身体很有益处。因为茶多酚是一种天然抗氧化剂，能抑制自由基在人体内造成的伤害，有抗衰老作用，它还能阻断亚硝胺等致癌物对身体的损害。茶丹宁则能降低血脂，防止血管硬化，保持血管畅通，维护心、脑血管的正常功能。因此，从身体健康的角度来看，多喝粗茶对人体是很有益的。

人们一般会以为"淡饭"就是粗粮和素食，这样的理解是有失偏颇的。其实，"淡饭"是指富含蛋白质的天然食物。它既包括丰富的谷类食物和蔬菜，也包括脂肪含量低的鸡肉、鸭肉、鱼肉、牛肉等。

“淡饭”还有另外一层含义，就是饮食不能太咸。医学研究表明，饮食过咸容易引发骨质疏松、高血压，长期饮食过咸还可致中风和心脏病。

中庸之道讲究适中、不过量，中庸养生也强调身心的平衡，所以，饮食也是一样，吃任何一种食物都不能过量，而要兼顾和适量。……粗茶淡饭还有益于修养身心。《老子》中说：“五色令人目盲，驰骋畋猎令人心发狂，难得之货，令人行妨，是以圣人为腹不为目，故去彼取此。”大意就是说，五颜六色会使人目眩，驰骋田猎会使人癫狂，意外之财会使人起歹心，所以智者修身养性，只要清心寡欲，粗茶淡饭即可。过多的财色名利，七情六欲，都是有害无益的。

孔子评价其弟子颜回说：“贤哉，回也！一箪食，一瓢饮，在陋巷，人不堪其忧，回也不改其乐。贤哉回也！”意思是说，颜回终日以粗茶淡饭为食，生活在常人不堪忍受的陋室蔽巷中，但他能乐在其中，真是贤人啊！

孔子周游列国宣传和推广自己的政治主张，在到达陈、蔡两国之间时陷入了困境，天天以野菜度日，但是孔子依然每天在屋子里抚琴而歌。许多弟子饿得头昏眼花，四肢无力，于是在背后偷偷抱怨。孔子听说后，严厉地批评了他们，告诉他们说：“君子在道义上的通达才叫通达，在道义上困穷才叫困穷。现在的情况是因为我固守仁义，因而遭遇了混乱世道的祸患。所以，我反省自己，在原则上不感到内疚，在灾难面前不丧失自己的品德。从前，齐桓公因为流亡莒国而萌生了称霸之心，晋文公因为逃亡曹国而产生了复国之念，越王勾践因为受了会稽之耻而萌生了光复之心。而我们现在，正好在陈国与蔡国之间陷入了困境，对我来说大概是幸运吧！”

孔子面对困境，面对只能吃野菜的尴尬，却能心态平和地将其当成一种幸运，这是多么高的修养和精神境界啊！物质和精神上的享受都很重要，切不可贪图物质的享受，而忽略了精神上的修养。

正如孔子一样，吃什么倒在其次，关键是要量力而行，用心、用好心情品出生活的乐趣来。生活的乐趣是不以吃得贵贱为标准的。有的人天天吃山珍海味，也未见得就有好心情；有的人经常吃粗茶淡饭，但却抱着享受生活的心态，吃出了乐趣和幸福。

大哲学家柏拉图说过这样一句话："决定一个人心情的不在于环境，而在于心境。"《朱子家训》中有言："一粥一饭，当思来之不易；半丝半缕，恒念物力维艰。"不要浪费，也不要奢靡，只要能有个好心境，好好享受生活，何必在乎吃什么呢？